Hair Beauty Art Theory

헤어 미용학개론

구민사

저자 약력

김주섭 상지대학교 뷰티디자인학과 교수

- 건국대학교 이학박사
- 미용 기능장
- 이용 기능장

헤어 미용학개론

초판 인쇄 2021년 1월 5일
초판 발행 2021년 1월 10일

저　　자 | 김주섭
발 행 인 | 조규백
발 행 처 | 도서출판 구민사
(07293) 서울시 영등포구 문래북로 116, 604호(문래동 3가 46, 트리플렉스)
전　　화 | (02) 701-7421~2
팩　　스 | (02) 3273-9642
홈페이지 | www.kuhminsa.co.kr
신고번호 | 제2012-000055호(1980년 2월 4일)

I S B N | 979-11-5813-888-2(93590)
정　　가 | 25,000원

헤어 미용학개론

김주섭

Introduce 이 책을 펴내면서…

미용은 이제 실용학문으로서 자리를 잡았다고 해도 과언이 아니다. 1991년에 전문대학으로 시작해서 현재 2020년에는 전국에 많은 전문대학과, 4년제 대학에 미용 뷰티관련학과가 뷰티전문가를 양성하고 있다. 서울 소재 대학에서는 학점은행제도 많이 운영하고 있으며, 서울권은 대학원 과정도 많이 운영하고 있는 실정이다. 미용이 학문으로 자리를 잡아가면서 분야가 더욱더 세분화되어지고 있고, 학과 역시 세분화로 나뉘어 신설되고 있다.

이렇게 미용이 학문으로서 자리를 잡아 가면서 그에 따른 교육용 교재 역시 각계 전문가, 교수님들로부터 출간되고 있다. 훌륭한 교재가 많이 있으나, 헤어미용 분야의 이론을 다룬 총론적이 교재가 많이 있지는 않는 것 같다. 이에 본 저자는 지금까지 20여년 가까운 시간동안 미용 교육을 하면서 정리한 이론, 경험한 내용, 기존의 우수한 교재 내용 등을 한권으로 볼 수 있게 책을 편찬하게 되었다.

PART 1은 미용분야, PART 2는 이용분야로 구성하였다. 피부, 메이크업, 네일 분야 등과 중복이 되는 화장품, 보건학, 위생학은 제외하고 순수 미용, 이용 관련 분야만 실은 것이 특징이라고 할 수 있겠다.

이 책은 뷰티관련 전문인이 되기 위해 입문하는 분들 및 학생들을 위해 헤어미용, 이용을 분야별 정리하였습니다. 뷰티를 공부하고자 하시는 분들이 꼭 알아야 하는 내용들을 쉽게 정리한 입문서이다.

이 책을 통해 조금이나마 미용학에 관심을 갖고 앞으로 미용을 공부하는데 있어 도움이 되었으며 한다.

끝으로 이 책이 출간하기까지 도움을 주시고 협조해 주신 구민사 사장님과 직원 여러분께 깊은 감사함을 전한다.

저자 씀

Contents 목차

II. 이용학

HAIR BEAUTY ART THEORY

I

미용학

HAIR BEAUTY ART THEORY

제1장

모발학

1 모발의 기원

모발의 기원은 정자와 난자가 수정이 이루어진 하나의 수정란으로부터 시작된다.

(1) 상실기 : 수정란은 난할(세포분열)을 하여 2세포기, 4세포기, 8세포기, 16세포기를 거쳐 할구(조각으로 생긴 세포)를 형성한 시기를 상실기라 한다.

(2) 포배기 : 다수의 세포로 나누어 질 때, 할구수가 어느 정도 늘어나면 그것이 싸여 생기는 빈 곳이다. 난할강(할강)이란 빈 공간을 형성하는 시기를 포배기라 한다.

(3) 낭배기 : 낭배를 형성하는 시기, 이중의 벽을 갖는 주머니 모양의 배를 형성하는과정이다. 외배엽, 내배엽, 원장, 원구를 갖춘 배를 낭배라 하며 이 시기를 낭배기라 한다.

- 외배엽 : 배 바깥쪽의 세포층
- 내배엽 : 원장의 벽을 만들고 있는 세포층
- 각각의 배엽 중 모발은 외배엽에서 발생

2 모발의 발생

모낭이 형성되었을 때부터 시작되며, 이 모낭을 구성하는 세포는 피부의 표피에서 유래된다. 사람의 표피는 시간이 지남에 따라 안쪽부터 배아층, 중간층, 주피의 3층으로 분화된다.

(1) 전모아기 : 모아의 형성 개시단계를 전모아기라 한다(모아 : 배아층의 세포는 모여 촘촘한 집합체를 만든 형태).

(2) 모아기 : 전모아기가 빠른 속도로 이행됨

(3) 모항기 : 진피 속으로 침입해 들어가 있는 모아의 기둥

(4) 모구성 모항기 : 기둥의 끝이 둥글어지며 그 가운데에 요철이 생긴다. 요철 속의 간엽성 세포의 집단이 모유두이다. 모낭중심부에는 모추가 털을 심게 된다. 기둥의 후면에 피지선과 팽윤부라 불리는 독립된 2개의 세포집단성 팽윤부는 퇴화하여 입모근이 부착하는 곳이 된다(모구 : 모낭의 끝부분이 둥글게 된 것).

(5) 모낭형성 : 이와 같은 단계를 거쳐 완성된 모발이 된다.

③ 모발의 역할

① **인체보호의 기능** : 외부충격에 완충 역할, 두피보호, 눈을 보호 등을 한다.
② **중금속 배출 기능** : 인체의 중금속을 모발로 배출한다.
③ **미적 기능** : 헤어스타일로서 미적기능이 있다.

④ 모발의 구조

1) 모근부의 구조

(1) 모낭과 주변구조

① **모유두** : 모세혈관과 감각신경(자율신경)이 연결되어 있어서, 모세혈관을 통해 공급받는 영양분과 산소를 모기질에 보낸다.
② **모기질** : 영양분을 만들어 모모세포에 전달한다. 모기질 사이에는 멜라닌형성세포가 있으며 모발의 색이 결정된다.
③ **입모근** : 날씨가 춥거나 겁에 질렸을 때 수축되어 털을 곧게 세우며 소름이 돋게 만든다.
④ **피지선** : 모낭 벽에 붙어 있으면서 피지를 분비하여 모발을 매끄럽게 한다.

(2) 모낭의 내모근초와 외모근초

모근부의 안쪽의 내모근초와 바깥쪽의 외모근초로 되어 있다. 모구부에서 발생한 모발의 각화가 완전히 종결될 때까지 보호하고 표피까지 운송하는 역할을 하고 있다. 내, 외모근초는 모발의 성장과 함께 위로 밀려 올라간다.

① 내모근초는 3층으로 구성된다(헨레층, 헉슬리층, 초표피).

(3) 모모세포

모유두가 접한 부분에 모모세포가 모유두를 덮고 있다.

① 세포분열이 활발하다.
② 끊임없이 분열 증식한다.
③ 영양분을 공급받아 분열되어 모발의 형상을 갖추어 발달한다.

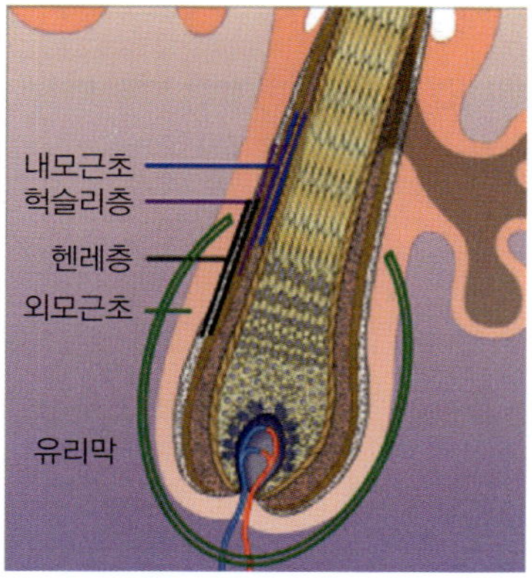

[그림 1-1] 모낭부의 상세구조

2) 모간부의 구조

모간부는 모모세포가 각화 과정이 끝나 두피 밖으로 나온 부분이다.

(1) 모표피(Hair cuticle)

① 모표피 세포는 편평하고 핵이 없는 세포로써 마치 지붕 위의 기왓장을 겹친 것과 같은 모양이다.

② 모표피는 일반적으로 5~10층이나 경우에 따라 20층인 것도 있다.

③ **문리** : 모표피가 겹쳐 생긴 모양을 이른다.

④ **모표피의 역할** : 모발내부의 보호막을 형성하고 있으면서 모발섬유의 일부분을 차지하고 있고, 친유성으로 물과 약제의 침투에 대한 저항력이 있어 외부로부터 모피질을 보호한다.

⑤ 모발에서 차지하는 비율이 10%~15%로서 %가 높을수록 투명, 습윤, 광택, 마찰정도의 강도가 높다.

(2) 모표피(Hair cuticle) 3층 구조

① **최외표피**(Epicuticle)

- 얇은 막으로 구성되어 수증기는 통과하나 물은 통과하지 못하는 특성을 가지고 있다.
- 딱딱하고 부서지기 쉽기 때문에 물리적 작용에 약하다.
- 시스틴의 함유량이 많아 각질용해성 단백질 용해성의 물질에 대한 저항력이 강하다.

② **외표피**(Exocuticle)

- -S-S-결합(황과 황의 결합, 시스틴 결합)이 많은 비결정 케라틴
- 단백질 용해성의 물질에는 강하지만 시스틴 결합을 절단하는 물질(퍼머제)에는 약하다.

③ **내표피**(Endcuticle)

- 내표피는 대조적으로 -S-S-결합이 적은 케라틴 단백질이다. 단백질 용해성의 물질에 약하다.
- 세포막복합체(CMC) : 인접한 표피를 밀착시키고 있으며, 모피질세포 2개의 단위세포막이 융합해 생긴 것이다(접착제 역할).
- 모피질 내의 수분이나 단백질이 녹아 나오기도 하며 반대로 외부에서 수분과 퍼머제나 헤어컬러제 등의 성분이 모발내부의 모피질에 침투를 위한 통로로 이용된다.

(3) 모피질(Hair cortex)

① 피질섬유와 간충물질, 핵의 잔사, 멜라닌으로 구성된다.

② 각화된 케라틴단백질의 피질세포가 모발의 길이 방향으로 비교적 규칙적으로 배열된 세포 집단으로 모발의 85~90%를 차지한다.

③ 과립상의 황색으로부터 짙은 검정, 갈색의 멜라닌 색소 입자를 함유한다.

④ 친수성으로 약제의 작용을 쉽게 받아 퍼머넌트나 컬러링과 같은 화학적 시술과 관련이 있다.

⑤ 모발의 유연선, 탄력 ,강도, 감촉, 질감, 색상 등을 좌우한다.

⑥ 세포와 세포 사이에는 섬유상 간충물질(비결정형물질)로 서로 강하게 연결되어 있다.

⑦ 결정영역(피질세포) : 긴 폴리펩티드가 규칙적으로 배열되어 있는 섬유가 속으로 결합되어 있고 강한 수소결합으로 되어 있기 때문에 화학반응을 일으키기 어려운 영역이다.

⑧ 비결정영역(세포 간 결합물질) : 약간 짧은 폴리펩티드로 된 나선상의 고분자 물질이 불규칙적이고 복잡한 상태로 배열되어 있는 부분이다. 긴 측쇄의 염 결합이 많아 인접한 폴리펩티드와는 거리가 멀어 약한 수소결합으로 인해 유연하고 화학반응을 받기 쉬운 구조를 가진다.

(4) 모피질세포의 구성

세포의 핵 중앙에는 핵의 잔사가 있고 거대섬유와 간충물질로 구성되어 있다.

① **거대섬유**

- 세포가 장축방향으로 배열되어 있다.

- 미세섬유들과 이들을 둘러싸고 있는 간충 물질로 이루어져 있다.
- 간충물질은 손상을 받기 쉽기 때문에 모발손상의 최대원인이다.

② **간충물질**

- 섬유와 섬유 사이를 채우고 있는 물질이다.
- 섬유를 연결시키고 있는 시멘트 역할을 한다.
- 주성분 케라틴이고 부정형 케라틴이다.

③ **미세섬유**

- 11개의 원섬유 다발이 가운데 2다발을 중심으로 원주상 9개의 다발이 둘러 있어 9+2구조이다.

④ **원섬유**

- 3개의 실과 같은 섬유가 새끼줄이 꼬이듯이 결합되어 있는 구조이다.
- 원섬유 1다발 내에는 이중코일상의 폴리펩티드 3개가 헬릭스 구조라 불리는 나선형 구조형태이다.
- 모발을 구성하는 헬릭스가 새끼줄처럼 꼬여 있는 성질 때문에 머리카락이 젖어 있을 경우 잡아당기면 늘어나지만 건조되면 원상태로 돌아간다.

3) 모수질(Medulla)

① 모발의 중심부에 있다.
② 모발의 직경이 0.09mm 이상의 굵은 모발에는 있으나 0.07mm정도의 가는 모발(생모나 유아의 모발)에는 거의 없다.
③ 빈 공간(공포)에 공기가 있어 보온효과가 있다.
④ 모수질 부분은 공포로 가득 찬 벌집모양의 다각형 세포가 길이 방향으로 배열되어 있다. 아예 아무것도 없이 비어있는 것도 있다.

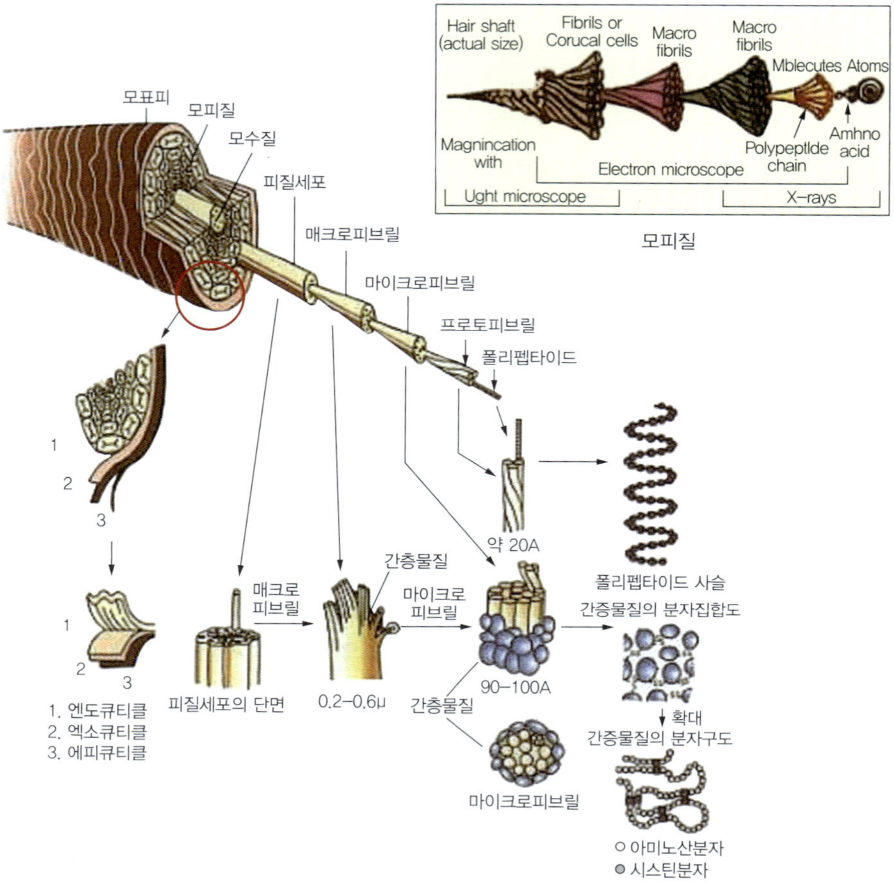

[그림 1-2] 모발의 미세구조

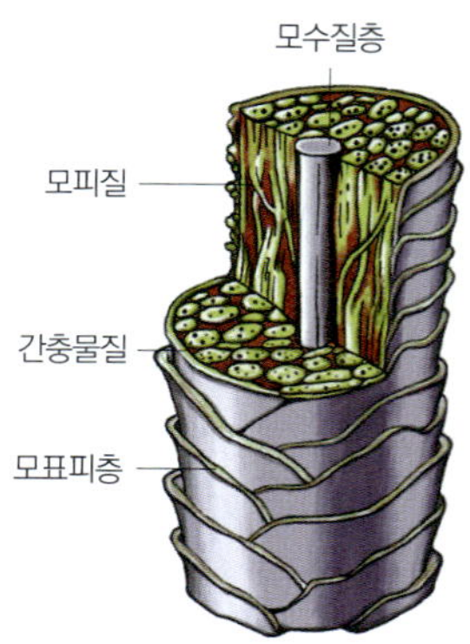

[그림 1-3] 모간부의 구조

⑤ 모발의 성장주기(Hair cycle)

1) 모발의 성장주기(모주기)

모낭 하나하나에서 나오는 모발 한 가닥 한 가닥이 다른 모발의 성장속도와 관계없이 독립적으로 자라기 때문에 모발의 길이가 다르다. 태어날 때부터 모낭의 수가 결정되어 모발의 수가 결정된다.

(1) 성장기(Anagen stage)

① 모유두의 활동이 왕성해서 세포분열이 매우 왕성하게 진행되어 모발이 빠르게 성장하는 시기로서 퇴화기에 이를 때까지 자가성장을 계속한다.

② 성장기간은 여성은 약 4~6년, 남성은 약 3~5년으로 정체모발의 80~90%가 이 시기에 속한다.

③ 한 달에 약 1~1.5cm 정도 자라지만 상황에 따라 달라질 수도 있다.

(2) 퇴화기(Catagen stage)

① 기간은 약 2~4주로서 전체모발의 약 1%에 해당 된다.

② 모유두와 모근부가 분리되고 모낭이 위축되어 모근은 위쪽으로 밀려 올라가게 되고 결국 세포분열은 정지된다.

(3) 휴지기(Telogen stage)

① 기간은 약 2~4개월이다. 이 기간 동안은 모유두는 성장, 분열을 쉬게 된다.

② 모발의 수는 약 10%(산모는 약 30%)에 해당된다.

③ 휴지기 상태의 모발이 약 20% 이상이 되면 탈모가 아닌지 의심해봐야 한다.

(4) 발생기(New anagen stage)

① 신생모발의 모근부와 결합되므로 세포분열은 다시 왕성해지며 새로 발생된 모발은 성장하게 된다.

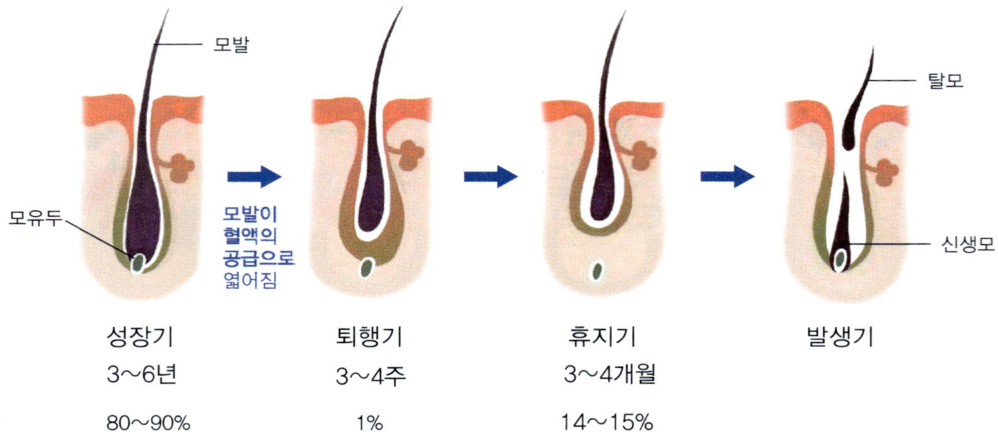

[그림 1-4] 모발의 성장주기

2) 모발의 성장주기에 영향을 미치는 요인

① 영양소의 부족으로 모발성장이 안 될 수 있다.

② 혈액순환의 장애로 영양소가 모세혈관을 통해서 공급되어 모발의 성장을 도와야 하지만 혈류의 장애로 영양분의 공급이 원활하지 못한 경우 역시 모발 성장이 지연될 수 있다.

③ 모유두의 기능의 정지 또는 쇠퇴할 때도 성장에 영향을 미친다.

④ 스트레스로 인한 자율신경의 혼란으로 교감신경은 혈관을 수축시키는 작용에 관여함으로써 모발의 영양보급에 영향을 주게 되어 모발의 활동기를 단축시켜 탈모까지 영향을 줄 수 있다.

⑤ 내분비의 장애로 인한 경우로 호르몬 대사의 이상(갑상선, 남성호르몬)으로 탈모에 영향을 준다.

⑥ 유전적인 요인도 있다.

6 모발의 일반적인 형상

1) 모발의 형태학적 종류

모발은 직모(Straight hair), 파상모(Curly hair), 축모(Kinky hair)의 3종류로 분류할 수 있다. 이들 간에 명확한 구분이 있는 것은 아니지만, 인종적인 차이는 상당히 인정되고 있다. 동양인의 모발은 검고 곧은

(Straight) 이미지가 있지만 곧은 모발을 가진 사람은 5% 정도로서 직모 중에 파상모가 혼합되어 있는 반곱슬 머리카락과 전체가 곱슬인 머리카락인 사람도 상당히 있다. 모발(hair)가 직모라도 음모, 액모는 파상모 내지는 축모가 있듯이 모발의 발생부위에 따라서도 형상의 차이는 있다.

이러한 모발의 형태가 다른 것은 모낭에서 모모 세포 분열 속도의 차이에 의해 결정이 된다고 한다.

모발의 횡단면의 최소직경은 최대직경으로 나누어 100을 곱한 수치를 모경지수라고 하고 이 지수가 100이면 완전히 원형이며 작으면 타원형에서 편평하게 된다.

동양인의 경우 75~85로서 원형에 가깝고, 흑인은 50~60으로 편평하게 되어 있다. 결국 모경지수가 100에 가까우면 직모가 되고 적으면 축모되는 비율이 크게 된다.

① **직모** : 모발의 단면이 원형에 가깝다. 모모세포 및 모낭세포가 케라틴 단백질 생성과정에서 세포 분열의 속도가 동일한 속도로 진행되어 나타난다. 황인종에게 나타난다.

② **파상모** : 유전적 체질에 의해 나타나는 것으로 알려져 있으며, 모발의 단면이 타원형을 띠는 것이 특징이다. 백인에게 나타난다.

③ **축모** : 흔히 곱슬모라 부르는 모발의 형태로 단면이 파생모에 비해 웨이브가 심하며, 특히 흑인종에게서 많이 볼 수 있다.

2) 모발의 수

① **노란 금발** : 약 14만 개

② **옅은 갈색** : 약11만 개

③ **검은 갈색** : 약 10만 개

④ **붉은 색 모발** : 약 9만 개이다.

3) 모발의 성장속도

① 하루에 약 0.4mm

② 한달에 1.2~1.5cm

③ 1년에는 약 12cm~15cm 자란다.

4) 모발의 수명

① **여성** : 약 4~6년

② **남성** : 약 3~5년

5) 모발의 자연 탈모

① 휴지기에 의한 자연탈모
② 무리한 빗질, 묶음, 당겨짐 등에 의한 견인성 탈모
③ 하루에 50~100개 정도가 자연탈모

6) 모발의 굵기

① **경모** : 약 0.1mm
② **보통모발** : 0.075~0.085mm
③ **연모** : 0.06mm

7 모발의 영양

1) 영양소의 역할

① 몸을 구성하는 물질을 공급한다.
② 영양소의 또 하나의 기능은 몸에 에너지를 공급해 주는 일이다.
③ 신체 내에서 생리적인 기능을 조절하는 역할이다.

2) 단백질과 영양

모발의 주성분은 케라틴이라고 하는 각화된 단백질이다. 시스테인이라고 하는 아미노산이 많이 함유되어 있다.(16~18%)

3) 당질과 영양 : 에너지 공급하는 중요한 역할을 한다.

4) 지질과 영양

지질이란 유기용매에 잘 용해되는 성질을 갖고 있다. 화학적으로는 당질과 같은 구성원소, 즉 탄소, 수소, 산소를 주원소로 하여 구성되어 있는 유기화합물의 일종이다.

5) 비타민과 영양

(1) 지용성 비타민

① **비타민 A**

- 기름에 녹는 성분(체내에 흡수되면 배출이 안 된다)으로 독소로 변해 많이 섭취하지 않는 것이 좋다.
- A가 결핍되면 피부나 점막이 건조하여 까칠한 조직을 형성한다.
- 단단하게 위축되어 모공각화증이라고 하여 모공주위가 딱딱하게 돌기되어 탈모가 촉진될 수 있다.

② **비타민 D** : 모발재생과 관련이 있다.

③ **비타민 E**

- 항산화 작용으로 노화를 방지한다.
- 세포막 대사에 관여한다.
- 체 조직 성분의 합성에 관여한다.

④ **비타민 K** : 부족하면 두피가 건조하고 모발이 손상되기 쉽다.

(2) 수용성 비타민

수용성이여서 물에 녹는 성분이다.

① **비타민 B군**

- 비타민 B1(티아민) : 비듬예방에 효과가 있다.
- 비타민 B2(리보플라빈) : 부족하면 모발과 피부의 신진대사가 나빠진다.
- 비타민 B3(나이아신) : 두피혈액순환 기능을 향상시킨다.
- 비타민 B6(피리독신) : 피지조절 능력이 있으며, 항피부염, 모발케라틴의 재생과 활성에 관여하며, 부족하면 피지분비를 촉진한다.
- 비타민 B12 : 부족하면 악성빈혈, 비듬 등이 생길 수 있다.
- 기타(비타민 B복합체)

② **비타민 C** (아스코르빈산)

- 공기 중에 쉽게 산화 파괴 된다.(미백효과)
- 모발 성장에 영향을 주며, 살균작용, 염증억제, 면역력 강화작용을 한다.
- 비타민C가 부족하면 괴혈병을 유발한다.

6) 무기질

(1) 칼슘 : 뼈와 치아를 구성하고, 부족하면 골다공증을 유발한다.

(2) 인 : 뼈와 치아의 구성, 세포의 구성 성분이다.

(3) 마그네슘 : 뼈와 치아의 구성, 효소의 구성 성분이다.

(4) 철분 : 헤모글로빈의 주요 성분이다.

(5) 기타 무기질

① **구리** : 철분이 헤모글로빈을 합성할 때 구리는 촉매작용을 하는 필수영양소이다.
② **코발트** : 적혈구의 생산에 필요하며 부족 시에는 악성빈혈을 유발한다.
③ **아연** : 부족 시 성장지연, 식욕부진이 올 수 있다.
④ **요오드** : 갑상선 호르몬의 성분, 급원 해조류에 많다, 과잉 시 갑상선기능항진증이 올 수 있다. 모발 성장에 도움을 준다.

8 모발의 결합

모발의 결합은 모발을 이루고 있는 화학적 성분 간의 결합이 그 기반이 되어서 주쇄 결합인 폴리펩타이드 결합이 세로로 자리 잡고 있고 그 주쇄와 주쇄를 가로로 결합하는 측쇄결합으로 시스틴결합, 이온결합, 수소결합이 있다.

1) 펩타이드 결합(Peptide bond) : 주쇄 결합, 세로 결합

펩타이드 결합은 (- CO - NH -) 모발의 결합 중 가장 강한 결합으로 아미노산과 아미노산의 결합으로 화학적인 처리에 있어서도 잘 절단되지 않는 결합이다.

2) 측쇄 결합(가로 결합, 가교 결합)

(1) 시스틴 결합(Cystine bond)

황과 황의 결합이다(S—S S—S S--S).

이 결합은 유황(S)을 함유한 단백질 특유의 것으로 다른 섬유에서는 볼 수 없는 측쇄 결합으로 케라틴을 특징짓고 있는 결합이다. 현재 일반적으로 모발 웨이브를 형성시키는 기본적인 개념은 모발 케라틴 중의 시스틴 결합을 환원제로 절단하고, 모발을 원하는 형태로 변형시킨 후, 그 형태를 유지하기 위하여 산화제로 절단된 상태를 재결합한다. 화학에 있어 산화 환원 반응을 이용한 것이 퍼머제이다.

펌제는 환원반응으로 모발의 시스틴 결합을 절단하고 로드로 웨이브를 형성한 후에 펌2제인 산화제가 환원으로 파괴된 시스틴 결합을 다시 그 위치에서 재결합을 시켜 주는 역할을 한다.

(2) 이온결합(Ionic bond)

이온결합을 염결합(NH_3(+) -- OOC(-))이라고도 한다.

원소들 가운데 자신이 가지고 있는 전자를 주려고 하는 성질을 갖는 것이 있는데 이것을 전기 양성(electropositive) 또는 양이온이라고 하고 반대로 전자를 받으려고 하는 성질의 원소를 전기 음성(electronegative) 또는 음이온이라고 한다. 이러한 전기 양성인 원소와 전기 음성인 원소 사이에 형성된 결합을 이온 결합이라고 하는데 그 대표적인 원소가 나트륨(Na^+, 전기 양성)과 염소(Cl^-, 전기음성)의 결합으로 염화나트륨(NaCl)의 생성이다. 그래서 이온 결합을 또는 염결합이라고도 한다.

화학적인 처리 시 펌제와 염모제에 의해서도 모발의 pH가 변하므로 이 이온결합 역시 절단되고 다시 염색 후에 산성샴푸 등을 사용하면 어느 정도 pH가 등전점에 가까워져 이온결합도 재결합을 한다.

(3) 수소결합(Hydrogen bond)

수소결합(H -- O)수소결합은 주쇄의 산소와 수소사이의 끌어당기는 힘에 의해 결합한 것으로서 모발에 수분을 가하면 간단하게 끊어져 버리는 결합을 말하며 다시 마르면 재결합을 하여 형태가 고정된다.

각 아미노산의 결합부에 있는 펩티드 결합의 수소인 H가 가까운 산소 O에 대하여 가지고 있는 힘을 친화력이라고 말한다.

이 결합은 케라틴 분자 안으로 물이 들어감으로 그 힘이 약해진다.

즉 물의 분자가 수소결합을 절단한다. 따라서 실제로 모발은 물을 충분히 흡수하면 대부분 부드럽게 되어 컬 등을 만들기 쉽게 된다.

또한 수소 결합은 3개의 결합 중에 가장 수가 많기 때문에 전체적인 힘이 강하고 우리들이 누웠다가 일어나면 후두부의 머리 모양이 엉망이 되는데, 이때 물로 적셔 머리모양을 정리하는 것과 옷을 다림질 할 때 분무를 하고 하면 잘 다려지는 것과도 비슷한 원리이다. 이러한 것은 모두 수소결합의 힘이다.

미용에 있어서는 세팅, 드라이를 할 때 우선 물은 분무를 한 다음 드라이를 하여 컬을 형성하면 컬이 더 잘 형성이 된다. 이러한 것은 화학적으로 케라틴 수소결합의 절단과 재결합이라는 과정으로 되는 것이다.

9 모발의 물리적 성질

모발, 양모 등의 케라틴 섬유의 여러 가지 물리적 특징은 복잡한 세포 조직과 케라틴(keratin)이라고 하는 특수한 분자구조로 이루어져 있다.

모표피(表皮), 모피질(皮質部), 모수질(髓質部)로 이루어진다.

피질부는 표피의 안쪽에 있는데 강도와 탄성을 지배한다. 피질부는 균일한 구조로 되어 있지 않고 화학약품에 대한 반응성이 큰 올소층과 반응성이 약한 파라층의 두 성분구조로 되어 곱슬거리는 원인이 된다.

1) 흡습성(Hygroscopicity)

모발은 습한 공기 중에서 수분을 흡수(흡습)하고 건조한 공기 중에서는 수분을 발산(탈습)하는 성질, 즉 흡습성(hygroscopicity)을 가진다. 모발은 공기 중의 보통 상태에서는 10~15% 수분을 포함하고 있다. 세발한 직후는 30~35%, 드라이어로 건조해도 10% 전후의 물을 흡착하고 있다. 흡착량은 습도와 온도의 영향을 받아 변동하고, 모발이 손상되면 흡착물도 많아진다. 또한 흡착물이 많게 됨에 따라 체적과 중량이 크게 된다. 이 체적의 증대를 가져오는 흡착 현상을 팽윤이라 한다.

2) 팽윤성(Swelling)

모발을 물에 담그게 되면 길이는 1~2% 길어지고 굵기는 12~15% 정도 굵어진다. 그리고 중량은 30~40% 증가한다. 모발이 수중(水中)에서 팽윤 평행에 달하는데 실온에서 15분 이상, 고온에서는 5분 이내로 거의 팽창에 가까운 팽윤도가 된다. 그러나 팽윤된 모발을 공기 중에 방치했을 때 서서히 수분이 감소하며, 처음에는 급속히 수분이 감소하고 수분이 5% 이하가 되면 속도는 저하된다. 따라서 중량 증가율을 팽윤도라고 하는 것은 사실 차이가 있으나, 중량 증가가 팽윤(체적 증가)의 표준이 되기 때문에 중량 증가율을 일반적으로 팽윤도라고 한다.

3) 모발의 인장강도

모발을 잡아 당겨 끊어질 때까지 견디는 힘을 말한다. 보통 모발의 인장강도는 150g이다.

4) 모발의 신장과 탄성

케라틴 단백질의 화학 구조적인 특징 때문에 생긴다. 모발의 신장은 습도에 따라서 다르다, 원래 길이로 되돌아 갈 수 있는 신장률은 5% 전후이고,당기면 수분흡수 시 50~70%까지 늘어난다.

5) 모발의 고착력

모발을 한 가닥 뽑는 데 드는 힘이다. 모발의 성장주기에 따라 성장기모는 50~80g의 힘이 들고, 휴지기에는 20g의 힘이 든다. 이것은 모발이 모낭과 밀착되는 정도에 따라 다르기 때문이다.

6) 그 외의 모발의 물리적 성질

(1) 열변성

열이 모발에 미치는 영향은 건열이나 습열에 따라 차이가 있다 건열에서는 외관적으로 120℃ 전후에서 팽화되고 130~150℃에서 변색이 시작되어 270~300℃가 되면 타서 분해하기 시작한다.

전열기기의 처리 온도는 60℃ 이하로 하는 것이 모발의 손상을 방지하는 데 좋다. 약제에 묻은 모발은 열변성을 한층 강하게 받게 된다.

(2) 광변성

태양광선은 파장이 긴 방향으로부터 적외선, 가시광선, 자외선의 3개로 되어 있다. 이중에는 모발에 영향을 미치는 것은 적외선과 자외선이다.

적외선은 열선으로도 알려져 있으며 물체에 닿으면 열을 발생시킨다. 모발 케라틴 (keratin)은 그 열에 의해 어느 정도는 측쇄결합이 파괴되고 손상(열변성)을 입는다.

화학선이라고 하는 자외선은 모발의 손상에 치명적이다. 양모에 대한 보고에 의하면 그 광화학적 반응에 의해 시스틴(cystine)이 감소하고 알칼리 용해도는 모발 케라틴(keratin)의 손상도에 비례해서 증가하기 때문에 이 용해도를 측정함으로써 모발 손상의 정도를 알 수 있다.

(3) 대전성(Electrification property)

모발을 브러싱 혹은 코밍(Combing)할 때 브러시와 빗질 시에 모발이 붙는다거나 모발끼리 반발하여 한데 엉키거나 하면 모발 형태가 잘 유지되지 않는다.

이 현상이 일어나는 것은 마찰에 의해 모발은 (+)로, brush는 (-)로 대전하기 때문에 (+)전기를 가진 모발끼리는 반발하고 (+)전기를 가진 모발과 (-)의 전기를 가진 brush와는 서로 들어붙으려고 한다. 이에 마찰을 적게 하거나 습기를 보충하면 정전기는 발생하지 않는다. 여기서 정전기 방지제로서 실리콘, 유지, 계면활성제, 습윤제 등이 이용되고, 이들을 배합한 생활용품, 모발용품 등이 시판되고 있다.

HAIR BEAUTY ART THEORY

HAIR
BEAUTY
ART
THEORY

제2장

헤어 커트

헤어 커트는 헤어스타일을 만드는 데 기초가 되는 시술 작업이다. 헤어커트는 우리가 알고 있는 '머리를 자른다.'라는 뜻으로 헤어스타일을 만드는 데 기초가 되는 기술이다. 하지만 헤어커트는 우리가 알고 있는 머리카락을 잘라서 헤어스타일을 완성시키고 연출하며, 또 다른 스타일 연출하기 위한 기초단계로 헤어커트가 필요하기도 한다. 헤어커트를 하기 위해 가위나 클리퍼, 레이저와 같은 도구를 사용해서 모발의 길이 변화와 양감을 조절함으로써 고객이 원하는 스타일을 연출한다. 퍼머넌트나 세팅에 의해서 형성되는 헤어스타일도 커트에 의해 사전에 헤어스타일이 만들어진다. 이와 같이 헤어커트의 목적은 모발의 길이를 정리하고, 모발의 양을 조절하여 헤어스타일을 완성하기 위한 것이다.

1 헤어스타일 연출 요소

헤어 디자인은 두상, 머릿결, 모발색상을 조화롭게 표현하는 것이 우선이다. 이러한 기본 요소들을 이해하고 헤어스타일에 잘 적용하여 고객이 원하는 새로운 헤어 디자인을 표현할 수 있다.

1) 두상

두상이란 머리의 외곽선, 실루엣을 의미하는데, 머리의 길이, 부피감 등의 그 모양을 좌우하며 두상에 따라 모발의 길이와 형태의 변화를 줄 수 있다.

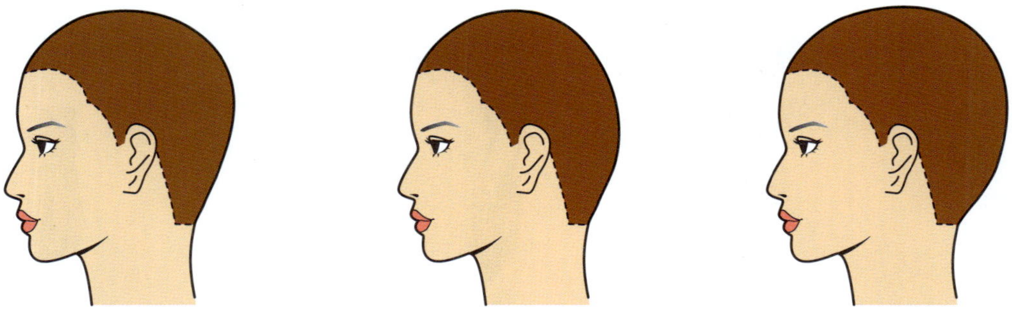

이상적인 두상 납작한 두상 돌출된 두상

[그림 2-1] 두상

2) 모발길이와 형태

모발의 길이에 의한 롱 헤어, 미디움 헤어, 쇼트 헤어스타일 등이 있고, 모발의 형태에 따라 직선, 곡선 등이 조화를 이루어 헤어스타일의 전체적인 형을 구성한다.

쇼트 스타일 미듐 스타일 롱 스타일

[그림 2-2] 머리길이와 형태

3) 머리카락의 형태

머리카락의 형태는 헤어스타일을 결정하는 중요한 요소로서 질감을 나타낸다. 머릿결에 따라 웨이브의 형태에 따른 질감, 직모 상태, 커트 방법, 헤어스타일링 테크닉 등에 의해 헤어스타일의 다양한 느낌이 표현된다.

경모 연모 파상모 축모 손상모

[그림 2-3] 머릿결

4) 색상

머리카락은 멜라닌 색소에 의한 고유의 자연색상이 있으며, 염모제와 같은 인공적인 색소로 원하는 색을 모발에 표현할 수 있다. 최근에는 염모제의 발달과 개성을 중시하는 트렌드로 인해 헤어스타일에 있어 색상의 영향이 다양하게 작용하고 있으며, 헤어스타일의 질감도 색상의 영향을 많이 받는다.

[그림2-4] 색상

5) 목의 길이

목의 길이와 굵기도 헤어스타일의 결정하는 데 있어 중요한 부분이다. 목이 긴 고객은 머리를 부풀리면 우아하게 보이지만, 높이를 강조하는 스타일이나, 짧은 스타일은 목을 노출시키는 효과를 가져와 좋지 않다. 반면 목이 짧은 고객은 전체적으로 너무 많은 볼륨(양감)을 주는 스타일은 피하고, 높이를 강조함으로써 목이 길어 보이게 하는 것이 좋다. 긴 머리를 유지하고 싶어 하는 고객은 머리를 묶어 올리는 스타일로 세미업 스타일 등이 무난하다. 목이 짧은 경우 머리 길이가 턱 부분에서 끝나거나 턱 아래로 길게 내려가지 않도록 주의한다.

긴 목에 적합한 스타일 | 긴 목에 부적합한 스타일 | 굵은 목에 적합한 스타일 | 굵은 목에 부적합한 스타일

[그림2-5] 목의 길이

6) 얼굴형

(1) 둥근형

둥근형의 얼굴은 프렌지(앞머리)나 톱(정수리) 부분에 볼륨을 높여 주어 둥근형이 전체적으로 길어 보이게 한다. 비대칭 디자인은 얼굴의 둥근 느낌을 감소시켜줄 수 있다.

(2) 긴형

긴형의 얼굴은 둥근형의 디자인과 다르게 디자인 시 길어보이는 것이 넓이를 강조하여 달걀형으로 보이게 변화를 준다. 톱(정수리)부분이 좁고 강조된 스타일이면 스타일의 높이를 강조하지 말고 옆으로 볼륨을 주어 비례가 맞도록 해야 한다.

(3) 타원형(달걀형)

달걀형은 가장 이상적인 얼굴형으로 헤어디자인에 있어 스타일에 가장 적합한 형이다. 달걀형은 개인의 직업, 환경, 선호하는 스타일 등에 따라 다양하게 디자인할 수 있다.

(4) 사각형

사각형은 각이 져 보이므로 톱(정수리)을 강조하는 디자인과 각진 부분을 웨이브나 커트선 등으로 얼굴형을 감싸 주어 각진 부분이 보이지 않도록 하는 것이 좋다.

(5) 삼각형

좁은 이마와 넓은 턱 선을 가진 얼굴은 좁은 이마부위를 풍성하게 보이도록 하여 상대적으로 턱 부분이 갸름하게 보이게 한다. 턱 위쪽에서 볼륨감을 한 웨이브 스타일이 좋고 넓은 턱 부분은 턱을 감싸는 스타일이 좋다.

(6) 역삼각형

역삼각형 얼굴은 이마부위가 넓고, 턱 부분이 너무 좁은 형의 얼굴이다. 이러한 스타일은 이마부위를 갸름하게 하고, 좁은 턱 부위를 볼륨감을 주어 넓어 보이게 하는 스타일이 좋다.

둥근형 긴형 타원형

[그림 2-6] 얼굴형(1)

둥근형 긴형 타원형

[그림 2-7] 얼굴형(2)

② 헤어커트 시술 과정

헤어커트 시술은 고객이 미용실을 방문하고 난 후부터 미용실을 나갈 때까지의 일련의 과정을 말한다.

① 고객의 헤어스타일을 올바르게 커트하기 위해서는 많은 고객과의 상담과 헤어디자이너의 자질과 기술이 필요하다. 커트에 입문하는 디자이너는 먼저 끈기와 인내를 가지고 커트의 기본부터 이해하고, 커트의 이론을 체계적으로 학습하여야 고객이 원하는 스타일을 디자인할 수 있다.

② 고객의 커트스타일에서 어떻게 완벽한 커트를 할 것인가는 고객의 모발을 커트하기 전에 먼저 고객과의 대화가 필요하다. 고객이 미용실에 들어와서부터는 주의해서 고객의 모든 표정을 관찰한다. 그리고 전문가의 눈으로써 스타일과 상태를 관찰해야 한다.

③ 커트에 들어가기 전에 샴푸와 컨디셔너 등으로 고객의 모발을 커트하기 편하도록, 모발의 손상이 덜하도록 모발의 상태를 유지한다. 커트는 스타일과 커트 기법에 따라 모발이 젖은 상태 또는 마른 상태에서 커트를 시작한다.

④ 고객과의 대화와 전문가로의 관찰로 헤어스타일이 결정되면 커트를 시작한다. 이때 모발의 길이, 커트도구, 베이스, 섹션, 커트각도, 커트기법 등이 이미 결정되어야 한다. 염색 또는 퍼머시술을 같이 할 시에는 염색할 부분과 색상, 퍼머의 컬 형 등을 고려한다.

⑤ 커트시술이 디자인에 의해 스타일이 완성되면 모발을 샴푸한다. 모발의 손상이 심하면 트리트먼트 등을 사용한다.

⑥ 고객이 시술 의자에 앉으면 드라이기로 모발을 고루 고루 잘 말리고, 드라이기와 롤, 브러시 등을 이용하여 커트스타일에 맞는 마무리를 한다. 이때 고객의 요구로 인해 수정커트를 할 수 있다.

3 커트 도구

1) 가위

(1) 가위(Cutting scissors) 종류

모발을 커트하는 데 사용되는 주요도구이다. 길이가 4인치에서 7인치까지로 종류는 다양하다. 길이가 짧을수록 섬세한 커트를 할 수 있고 길수록 신속하게 커트를 할 수 있다. 싱글링 기법 등에는 커트 날이 긴 장가위를 주로 사용한다.

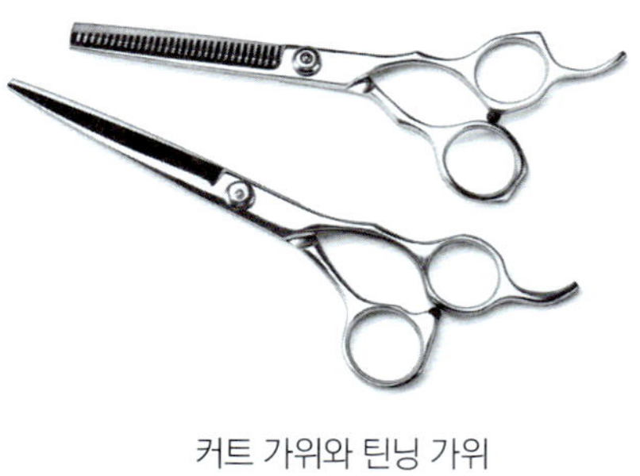

커트 가위와 틴닝 가위

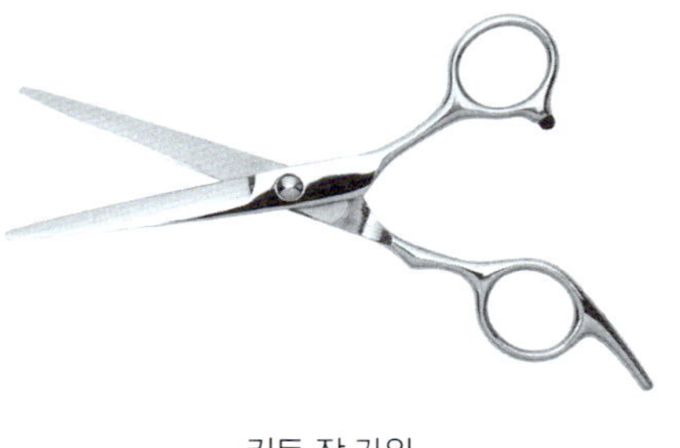

커트 장 가위

[그림 2-8] 커트 가위, 틴닝 가위, 커트 장 가위

(2) 가위 구조

가위는 정날과 동날이 서로 겹치면서 머리카락을 자른다. 엄지환과 연결이 되어 있는 동날이 움직이면서 커트를 한다. 이때 정날은 특별한 기법이 아닌 이상 움직임이 심하면 안된다.

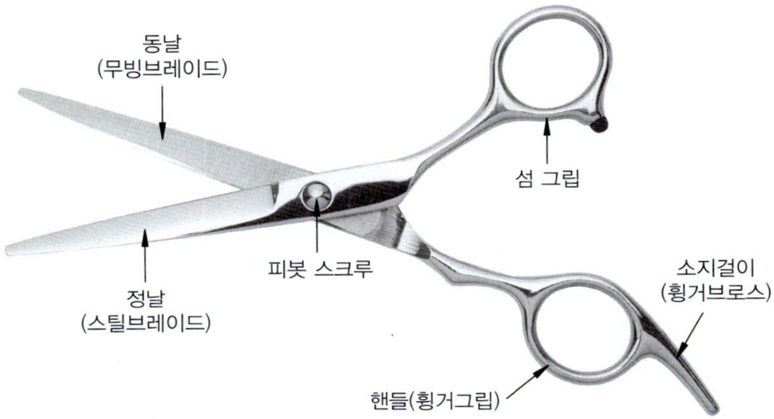

[그림 2-9] 가위 구조

(3) 가위의 모양에 따른 분류

가위는 모양에 따라, 생산방식에 따라 분류를 할 수 있다.

직선날 가위(Cutting Scissors)	◆ 두발을 커트하고 셰이핑하는 데 사용한다. ◆ 양날이 동일하게 매끄럽고 날카롭다.
틴닝 가위(Thinning Scissors)	◆ 모발숱을 감소시키거나 모발 끝을 부드럽게 표현하고자 할 때 사용한다.
미니 가위(Mini Scissors)	◆ 4인치에서 5.5인치까지의 범위에 속하는 것으로 정밀한 블런드 커팅에 사용한다.
곡선 날 가위(R-Scissors)	◆ 날은 직선날이지만 가윗날의 끝이 굽어져 있는 가위로 스트로크 커트에 좋으며 프론트, 네이트, 사이드에 세밀한 부분 수정이나 두발 끝 커트에 효과적이다.
리버스 가위(Riverse Scissors)	◆ 레이저와 가위의 이중효과를 목적으로 시작된 가위로 한쪽 날은 레이저로 되어 있다. 모발 끝을 가볍게 하는 커트 시 용이하다.

(4) 가위 잡는 법

① 왼손으로 가위의 나사가 자신을 바라보도록 잡고 정날에 오른손의 약지손가락을 끼운다.
② 움직임 날에 오른손 엄지를 끼우되 너무 많이 끼워 넣지 말고 손가락 끝에 걸치는 듯 끼운다.
③ 가위의 움직임 동작은 엄지날만 움직이고 나머지 약지와 세 손가락은 가지런히 하여 움직이지 않고 엄지날의 힘을 받쳐주는 역할을 한다.
④ 커트를 하지 않을 때에는 가위의 날을 닫은 뒤 엄지환에서 엄지를 빼고 가볍게 주먹을 쥐는 동작으로 가위를 쥔다.
⑤ 엄지환에서 엄지를 뺀 상태에서 빗을 쥐고 빗질을 한다.

2) 빗(Comb)

커트 시 머리카락을 곱게 빗어 정리하거나, 모발을 들어 올리는 역할을 한다. 즉 빗살 끝으로 두피의 모근에서 모선 방향으로 모발을 세우거나, 곱게 빗는 역할을 한다. 빗살 간격은 일정한 것이 좋다. 빗살은 모발을 정돈하는 역할을 하며 고운살은 커트 시술시 빗질할 때, 얼레살은 섹션과 파팅을 나뉠 때 사용된다.

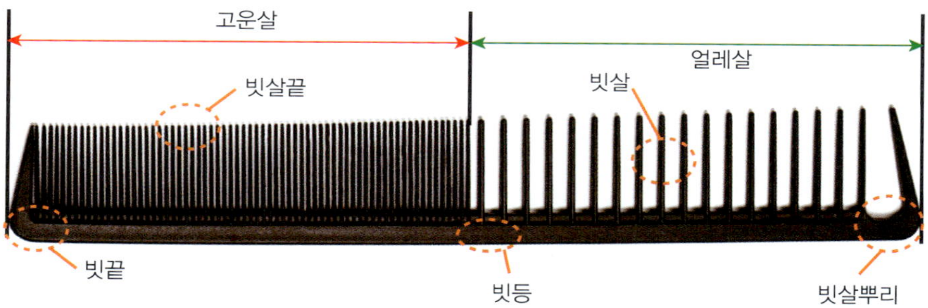

[그림 2-10] 빗의 구조

(1) 커트 빗의 종류와 기능

스타일링 빗	커트 시 가장 일반적으로 사용되며 스타일링 시 사용한다.
클리퍼 빗	클리퍼를 이용한 커트 시 사용한다.
이발용 빗	싱글링처럼 넓은 면적의 모발을 특별한 섹션을 나누지 않고, 빗질이나 빗의 각도를 이용하여 커트 시 사용한다.

[그림 2-11] 빗의 종류

(2) 빗과 가위 사용법

① 커트 시 빗질할 때는 엄지환에서 엄지손가락을 빼고 가윗날을 닫은 상태에서 빗을 쥐고 빗질한다.

② 커트할 때 빗은 내려놓지 않고 왼손 엄지손가락 사이에 끼웠다가 다시 오른손으로 빗질하여 오른손, 왼손으로 빗을 옮겨가면서 사용한다.

3) 클리퍼(Clipper)

가위나 레이저와 마찬가지로 모발을 자르고 정돈하는 데 사용되는 도구이다. 짧은 모발을 커트할 경우, 특히 남성 컷 시술 시 주로 많이 사용되며 미세한 부분의 커트 시 적합하다. 과거에는 수동식을 주로 사용하였으나 지금은 전기를 이용한 전동식을 주로 사용한다. 모발뿐만이 아닌 눈썹 등을 다듬는 클리퍼 등도 있다.

[그림 2-12] 클리퍼

(1) 클리퍼 사용법

빗과 가위로 커트하는 싱글링 커트와 같은 효과를 가져오는 커트로 가위 대신에 클리퍼라는 커트 도구를 사용하여 커트하는 방법으로 대개 머리를 짧고 고르게 층을 낼 때 사용한다.

4) 레이저(Razor)

커트 시 사용되는 도구로 자연스럽게 모발의 가벼운 질감 처리를 하기 위해 사용된다. 빠른 시간 내에 시술이 가능하며 능률적이다. 세밀한 작업이 용이한 반면 지나치게 자를 우려가 있어 초보자에게 부적당하며 모발단면이 비스듬하게 잘려 모발손상의 우려가 커트 가위로 자를 때보다 더 심할 경우가 있다.

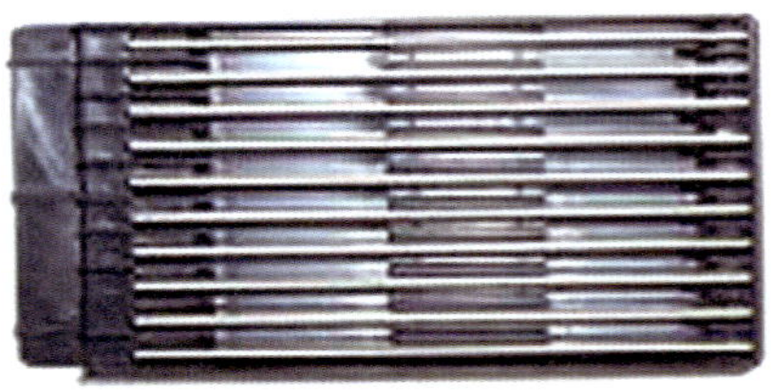

[그림 2-13] 레이저와 날

(1) 레이저 잡는 법

엄지손가락을 레이저의 엄지걸이에 붙이고 새끼손가락은 새끼손가락 걸이에 얹고, 남은 세 손가락을 손잡이 위쪽에 두고 잡는다.

5) 기타 커트 시 필요한 도구

(1) 클립(핀셋)

파팅이나 섹션을 나눈 후 머리카락을 고정시키는 역할을 한다.

[그림 2-14] 클립

(2) 분무기

커트 시술 시 젖은 모발을 커트할 때 시술 중간 중간 모발에 물을 분무하는 도구이다.

[그림 2-15] 분무기

(3) 민두, 홀더

민두, 홀더는 연습 시 필요하다. 민두는 가발(위그)를 씌울 수 있도록 두상의 형태로 만들어 놓은 것이다. 홀더는 민두를 책상 등에 고정시키는 역할을 한다.

민두

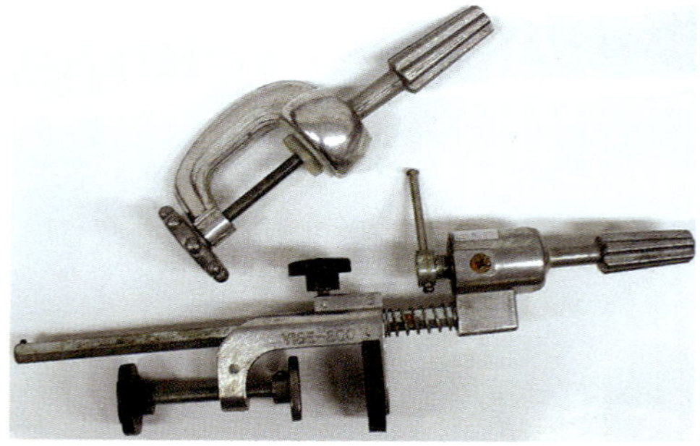

홀더

[그림 2-16] 민두와 홀더

(4) 가발(위그)

가발은 연습용 가발, 스타일 가발 등이 있다. 가발은 실제 사람의 머리카락으로 연습을 할 수 없는 경우 대신하여 커트연습, 파마연습, 염·탈색 연습 등을 할 수 있게 만든 것이다. 인조모보다 인모의 모량이 많을수록 좋은 가발이다. 가발에는 민두에 덮어 씌우는 덧가발과 민두에 머리카락이 심어져 있는 일명 통가발이라 불리는 가발이 있다.

덧 가발

통 가발

[그림 2-17] 가발

④ 헤어커트 기본적인 자세

① 어깨 넓이만큼 다리를 벌리고, 허리를 바르게 펴고 선다.

② 왼발이든, 오른발이든 커트 진행 방향으로 한 발을 반 보 정도 앞에 둔다.

③ 커트 진행 시 두상이 둥글기 때문에 커트 시에도 스텝은 원을 그리며 옮겨 가면서 커트한다.

④ 왼손의 팔꿈치 자세에 주의한다. 커트하고자 하는 라인과 왼손의 손목이나 팔꿈치가 평행이 되게 자세를 취한다. 이때, 손목이 꺾이지 않도록 고정한다.

⑤ 커트선이 가능한 눈높이에 맞추어 커트한다(커트선보다 눈높이가 아래에 있으면 커트선이 오목한 라인이 형성되며, 눈높이 보다 위에 있으면 볼록 한 커트선이 형성되므로 커트선에 눈높이를 맞추어 커트하도록 노력한다.).

⑥ 커트 시술 진행 시 섹션, 베이스, 각도 실루엣과 움직임을 체크해 가며 커트를 진행한다.

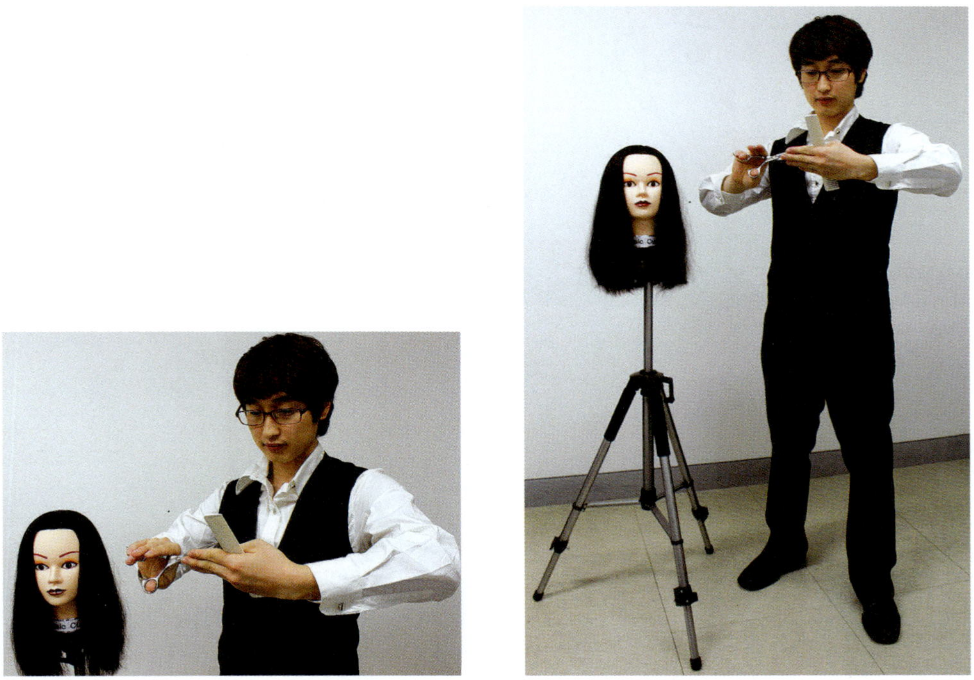

[그림 2-18] 커트 자세

5 헤어커트 시 필요한 두상 포인트와 파팅

1) 두상 포인트

헤어디자인에 있어 두상의 포인트(점)는 커트시술을 정확하게 할 수 있게 하는 가장 기본적인 요소로서, 두상의 포인트 위치를 정확하게 알아야 커트이론을 이해할 수 있고, 각 스타일마다 체계적인 커트 진행 또는 도해도(전개도) 등을 보면서, 스타일을 해석하면서 커트를 진행할 수 있다.

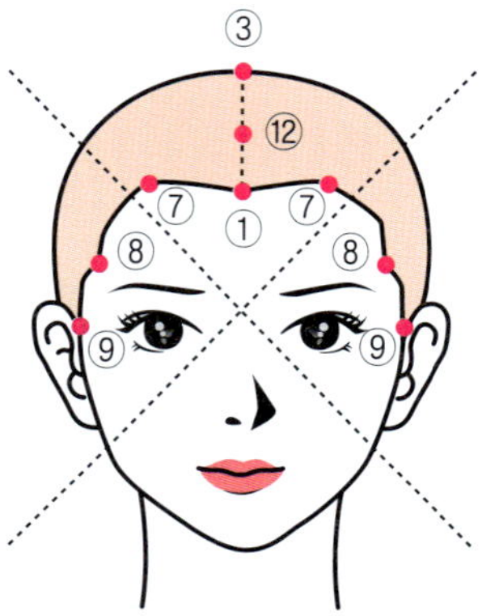

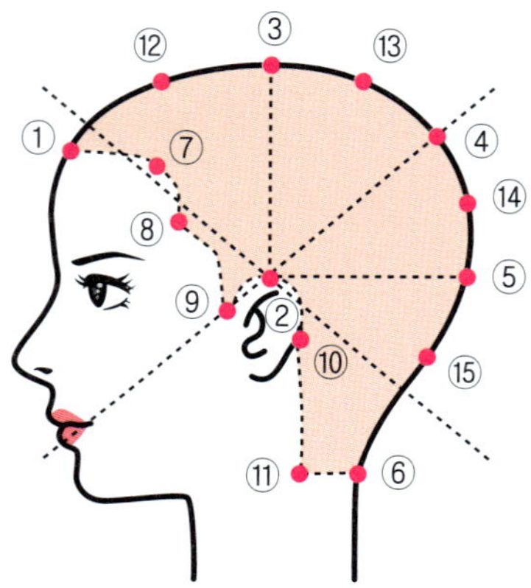

번호	포인트	위치 설명
①	C.P	Center Point (센터 포인트)
②	E.P	Ear Point (이어 포인트-좌우)
③	T.P	Top Point (톱 포인트)
④	G.P	Golden Point (골든 포인트)
⑤	B.P	Back Point (백 포인트)
⑥	N.P	Nape Point(네이프 포인트)
⑦	F.S.P	Front Side Point (프런트 사이드 포인트-좌우)
⑧	S.P	Side Point (사이드 포인트-좌우)
⑨	S.C.P	Side Corner Point (사이드 코너 포인트-좌우)
⑩	E.B.P	Ear Back Point (이어 백 포인트-좌우)
⑪	N.S.P	Nape Side Point (네이프 사이드 포인트-좌우)
⑫	C.T.M.P	Center Top Medium Point (센터 톱 미디움 포인트)
⑬	T.G.M.P	Top Golden Medium Point (톱 골든 미디움 포인트)
⑭	G.B.M.P	Golden Back Medium Point (골든 백 미디움 포인트)
⑮	B.N.M.P	Back Nape Medium Point (백 네이프 미디움 포인트)

[그림 2-19] 두상 포인트

2) 두상의 기본 라인

헤어스타일에 있어 두상의 포인트와 포인트의 연결이 선이다. 두상의 위치에 따라 곡선, 직선이 생긴다. 이러한 선에 따라 커트, 염색, 퍼머 등의 시술을 하기 위해 파팅을 쉽게 나눌 수 있다. 두상에서 선은 머리가 나기 시작한 부분과 얼굴과의 경계인 햄라인과 그 구역을 세분화한 라인이 있고, 두상의 포인트와 포인트를 연결한 라인이 있다.

(1) 햄 라인(Hem line)

햄(Hem)은"가장자리", "경계"라는 의미이다. 모발이 나기 시작한 부분과 나지 않은 부분의 경계선이다.

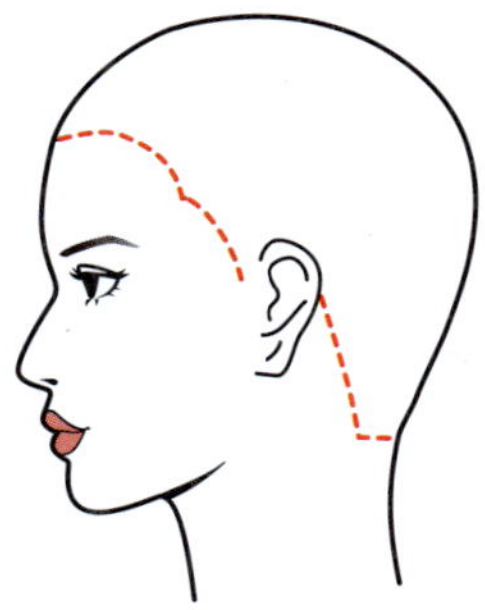

[그림 2-20] 햄 라인

① 페이스 라인

얼굴을 정면으로 보았을 때 보이는 라인으로 센터포인트(C.P)에서 양쪽 사이드 코너 포인트(S.C.P)까지의 연결선을 말한다. 페이스라인 모발은 얼굴의 이미지에 영향을 준다.

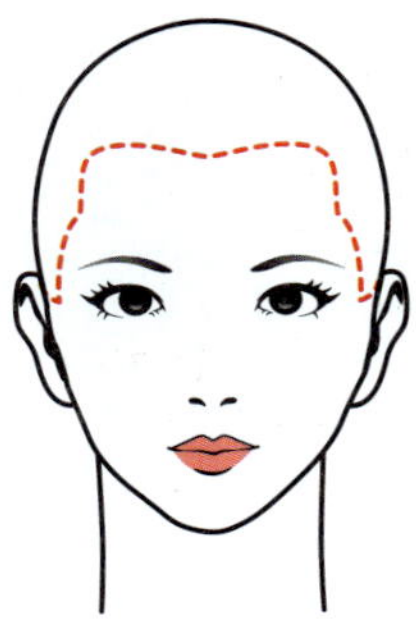

[그림 2-21] 페이스 라인

② 이어 라인

얼굴을 측면에서 보았을 때 사이드 코너 포인트(S.C.P)에서 이어 백 포인트(E.B.P)까지의 연결된 선이다. 이어 라인의 주변은 측중선을 기준으로 앞쪽 머리와 뒤쪽 머리를 연결하는 역할을 한다.

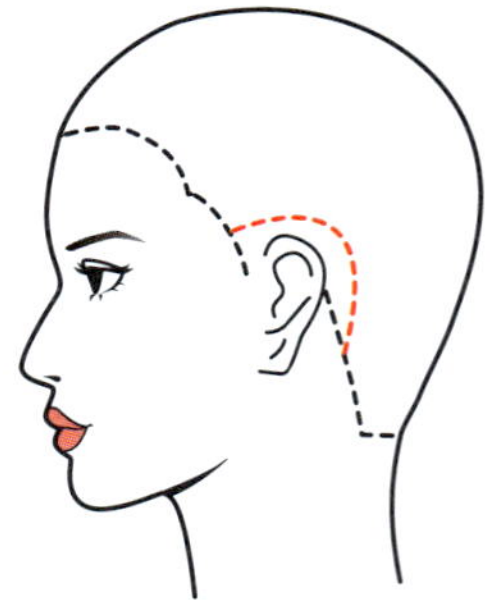

[그림 2-22] 이어 라인

③ 네이프 라인

두상을 뒤에서 보았을 때 이어백 포인트에서 반대편 이어백 포인트(e.B.P~e.B.P)까지 연결된 선이다. 네이프라인 주변 모발은 모발의 기장과 후두부 헤어라인을 표현한다.

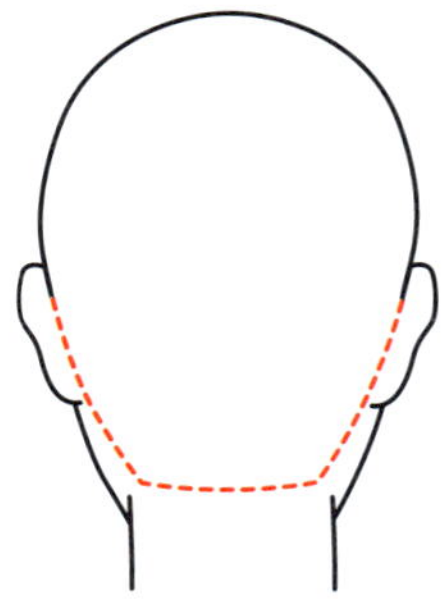

[그림 2-23] 네이프 라인

(2) 정중선(센터 라인)

코를 중심으로 두상을 좌·우로 수직 2등분한 선을 말한다.

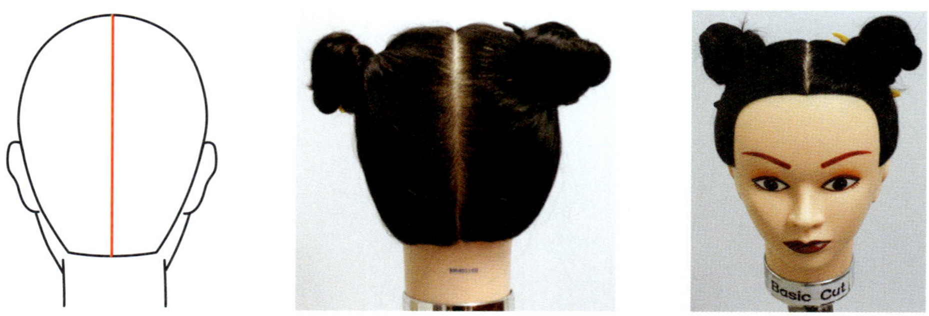

[그림 2-24] 정중선

(3) 측중선

두상에서 톱포인트를 지나는 선으로 톱포인트(T.P)와 양쪽 이어 포인트(E.P)를 연결한 선이다.

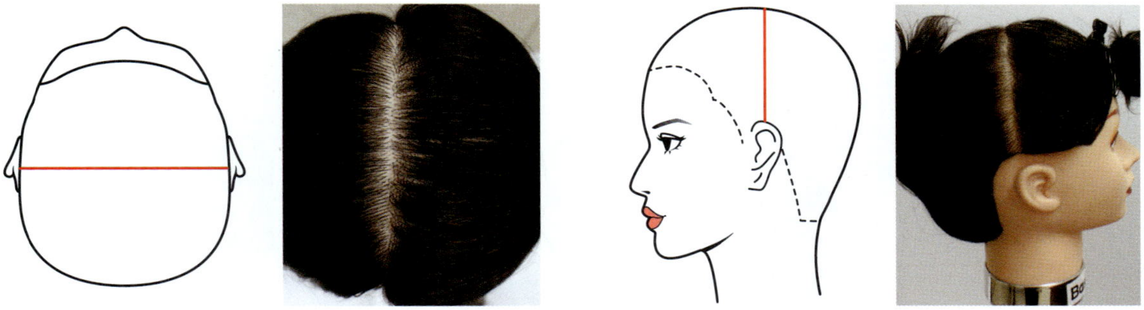

[그림 2-25] 측중선

(4) 파팅

헤어스타일 시술에 앞서 파팅을 하는 이유는 디자이너가 자신이 원하는 스타일을 보다 쉽고 정확하게 시술하기 위해서이다.

① 2파트

- 센터 파트 : C.P, T.P, G.P, B.P, N.P를 연결하는 선으로 정중선이라고 한다. 이 정중선을 기준으로 좌·우 동일하게 나누는 것을 말한다. 머리 기장을 좌·우 같은 길이로 할 때 또는 비대칭 등의 스타일을 할 때 파팅하며, 헤어스타일에 있어 가장 기본이 되는 파팅 방법이다.

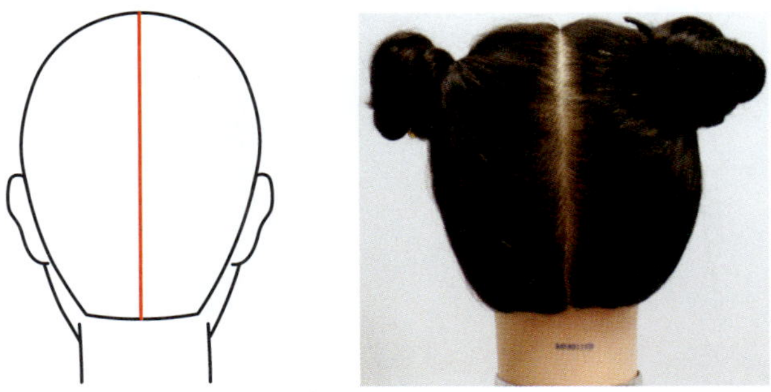

[그림 2-26] 센터 파트(2파트)

◆ 이어 투 이어 파트 : 두상에 이어 포인트(E.P)에서 톱 포인트(T.P)를 지나 반대편 이어 포인트(E.P)까지 연결하는 선으로 측중선이라고 한다. 이선을 기준으로 앞·뒤로 2파트로 분할하고 앞쪽의 디자인과 뒤쪽의 디자인이 서로 다른 스타일을 시술할 때 쓰이는 파팅 방법이다.

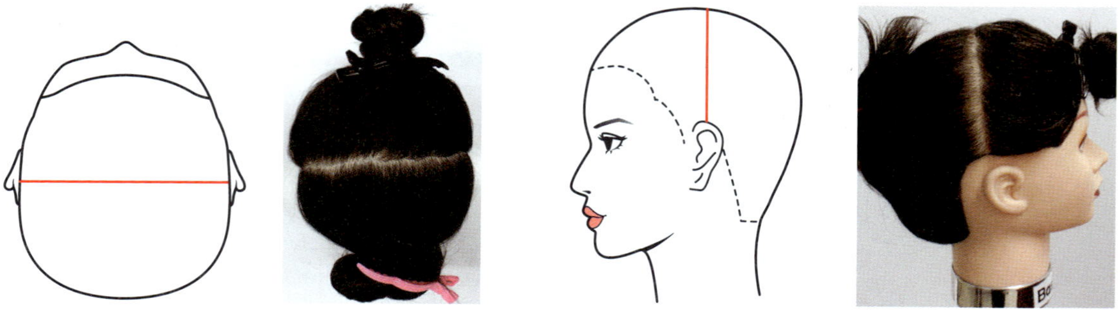

[그림 2-27] 이어 투 이어 파트

◆ 템플 투 템플 파트 : 두상에서 프론트 사이드 포인트(F.S.P)에서 반대편 프론트 사이드 포인트(F.S.P)까지 수평으로 가르는 2파트로 상·하로 분할하는 파팅 방법으로 아래쪽은 엑스터널이라고 하고 언더라인을 표현, 위쪽은 인터널이라고 하며 층, 볼륨, 무게를 표현한다.

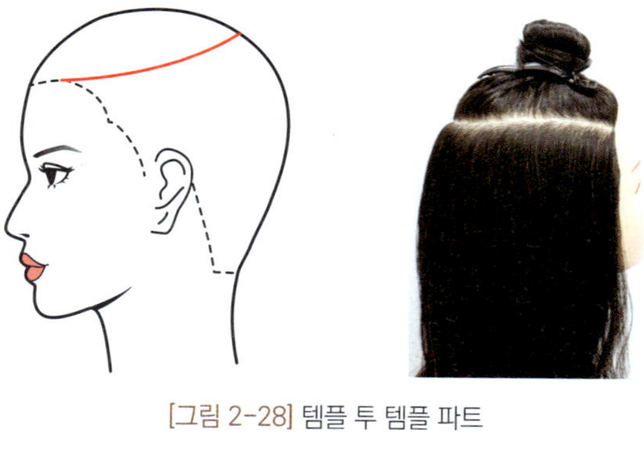

[그림 2-28] 템플 투 템플 파트

② 3파트

두상에서 프론트 사이드 포인트(F.S.P)에서 반대편 프론트 사이드 포인트(F.S.P)까지 수평 나눈 2파트에서 S.P에서 B.P를 지나 반대편 S.P를 연결하는 파팅을 추가하여 3등분한 파팅으로 2파팅에 비해 좀 더 정밀하고 정확한 커트 시술을 할 때 활용한다. 섹션은 크게 언더, 미들, 오버섹션으로 나눌 수 있다.

[그림 2-29] 3파트

③ 4파트

3파팅에서 이어 백 포인트(E.B.P)에서 옥시피탈 본(Occipital Bone) 지점을 지나 반대편 이어 백 포인트(E.B.P)를 연결하는 파팅을 추가하여 4등분한 파팅으로 언더부분을 좀 더 세분화한 것으로 3파트에 비해 좀 더 정밀한 스타일을 시술할 때 활용한다.

[그림 2-30] 4파트

6 헤어커트와 섹션

두상에서 파트보다 작은 부분이나 조각으로 나누어진 부분을 말하는 것으로 섹션폭은 디자이너에 따라 다르지만 대개 2㎝ 정도로 항상 일정하게 유지하여 커트를 시술한다.

1) 수평섹션(Horizontal section)

호리존탈 섹션은 지면과 수평으로 섹션을 나누는 것으로 상·하의 층이 많이 나지 않는 헤어스타일을 시술할 때 나누는 섹션방법으로 원랭스 커트(수평원랭스 커트, 이사도라 커트, 스파니엘 커트) 등을 커트할 때 활용한다.

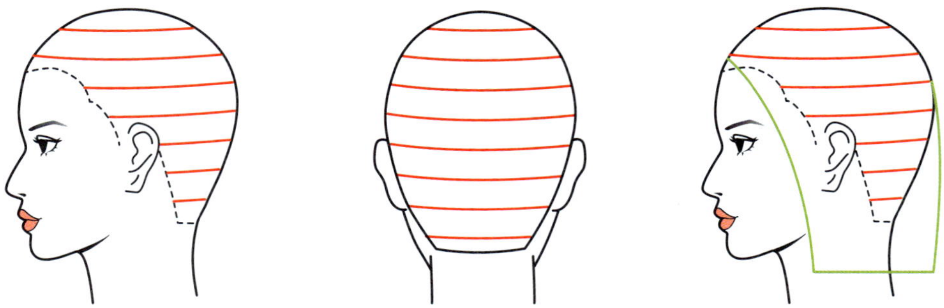

[그림 2-31] 수평섹션

2) 수직섹션(Vertical section)

수직섹션(버티컬섹션)은 지면과 수직으로 섹션을 나누는 것으로 상·하의 층을 많이 내는데 활용한다. 질감이 부드럽고 가벼운 층으로 표현된 헤어스타일을 시술할 때 유용한 섹션으로 레이어드 커트에 주로 활용된다.

[그림 2-32] 수직섹션

3) 사선섹션(Diagonal section)

사선(다이에그널)섹션은 지면과 사선으로 섹션을 나누는 것으로 두상의 앞쪽과 뒤쪽의 기장을 다르게 하여 언더라인이 A라인, V(U)라인의 커트선이 표현되는 스타일을 시술할 때 유용한 섹션이다. 사선섹션은 A섹션과 V(U)섹션으로 나뉜다.

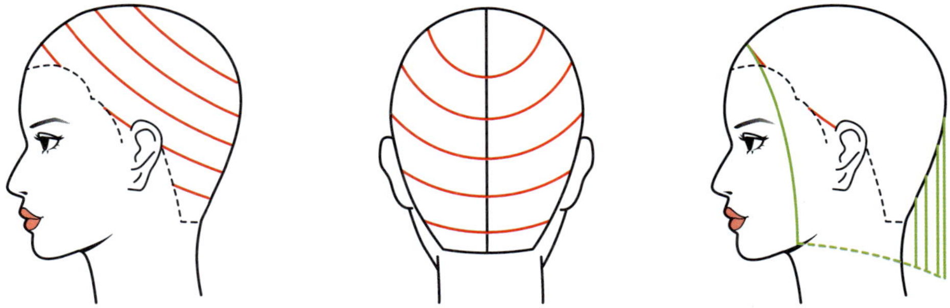

[그림 2-33] 사선섹션

4) 방사선 섹션(Pivot section)

방사선(피봇) 섹션은 버티컬 섹션을 응용한 섹션으로 톱 포인트(T.P)에서 방사선으로 균등하게 분할하여 섹션을 나누는 것으로 두상의 두정부 부위(크라운)를 쉽게 시술하기 위하여 활용하는 방법이다. 수직섹션과 같이 층을 많이 내는 스타일에 활용된다.

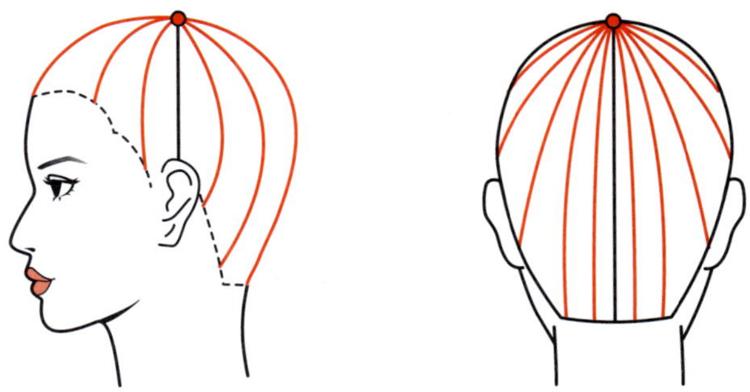

[그림 2-34] 수평섹션

7 커팅라인(Cutting line)

1) 언더라인(Under line)

자연스러운 모발상태에서 모발의 끝 선이 연결되어 만들어지는 라인이다.

(1) 수평라인

모발의 끝 선이 지면과 수평하게 만들어진 라인이다.

(2) A라인

모발을 자연스럽게 빗었을 때 앞머리 기장이 뒷머리 기장보다 긴 라인이다.

(3) V(U)라인

모발을 자연스럽게 빗었을 때 앞머리 기장이 뒷머리 기장보다 짧은 라인이다.

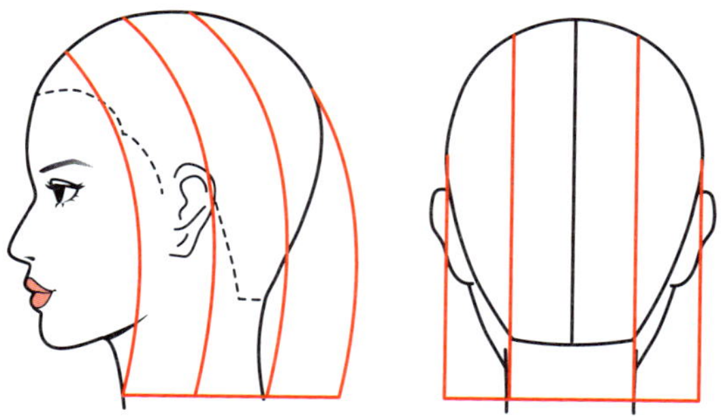

[그림 2-35] 수평라인

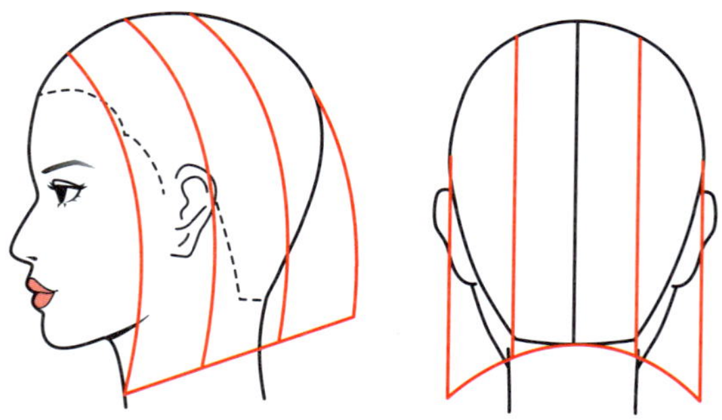

[그림 2-35] A라인

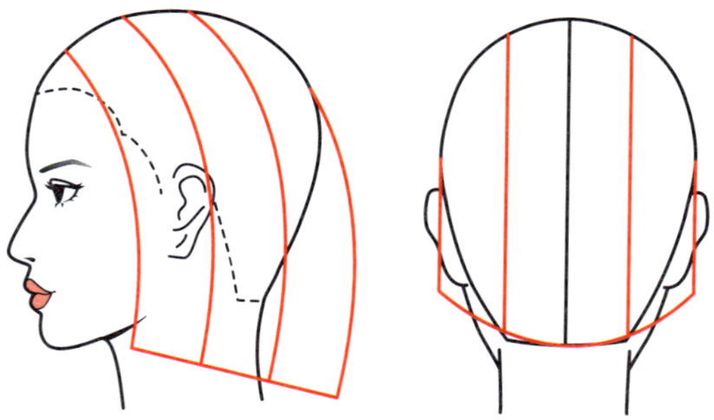

[그림 2-35] V라인

2) 아웃라인(Outline)

커트 시술 시 커트라인의 연결로 만들어지는 라인이다.

랙탱글 라인 (Rectangular line)	두상의 중심으로 모발을 수직으로 들었을 때 직각으로 만들어진 라인이다.	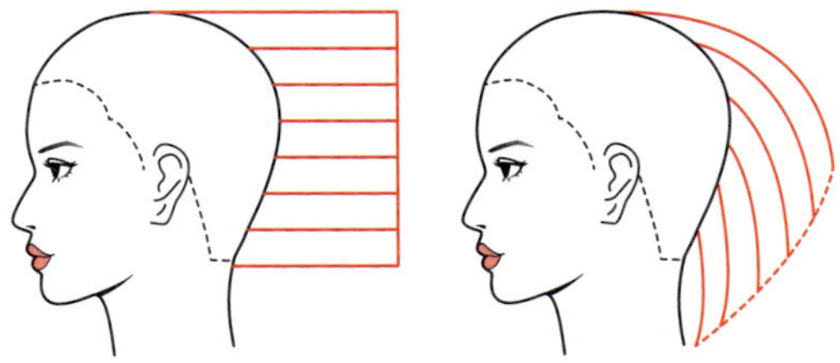
아웃사이드 라인 (Outside line)	두상의 톱부분 모발이 네이프 부분 모발보다 짧은 라인(가벼운 스타일)이다.	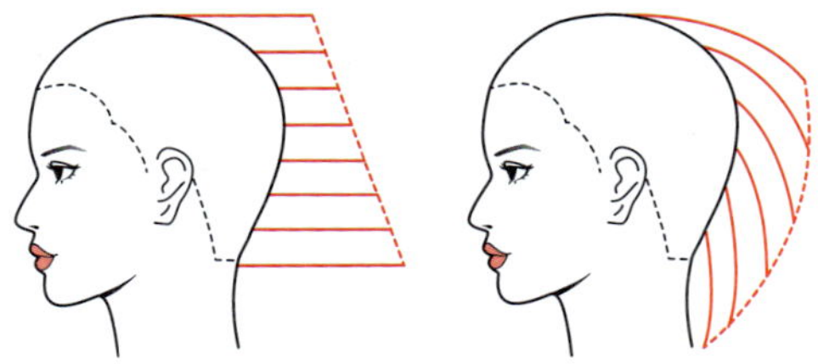
인사이드 라인 (Inside line)	두상의 톱부분 모발이 네이프 부분 모발보다. 긴 모발(무거운스타일)이다.	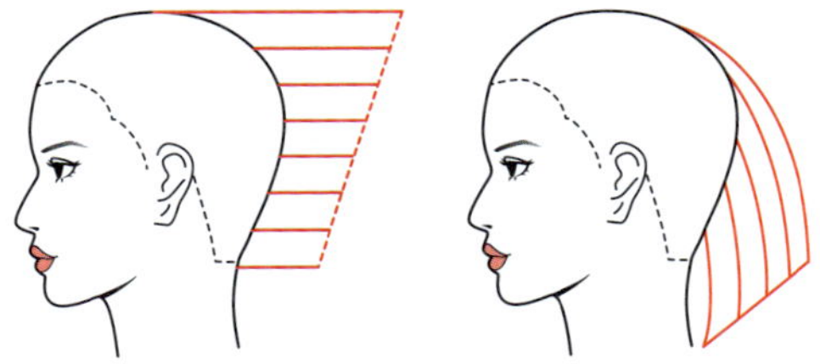
콘벡스 라인 (Convex line)	인사이드 라인과 아웃사이드 라인의 연결로 아웃사이드 라인이 윗부분이고 인사이드 라인이 아랫부분이다.	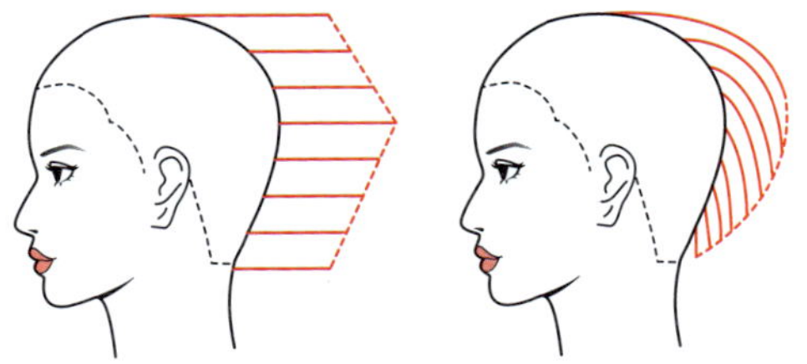
콘케이브라인 (Concave line)	인사이드 라인과 아웃사이드 라인의 연결로 인사이드 라인이 윗부분이고 아웃사이드 라인이 아랫부분이다.	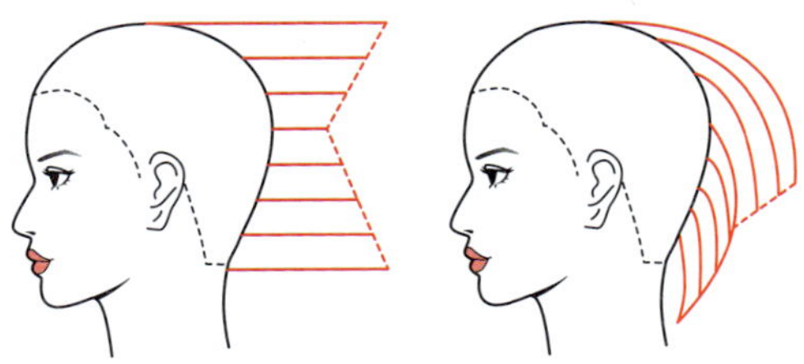

8 커트의 종류와 특징

가위와 레이저를 사용하는 커트하는 것으로, 웨트 커트와 드라이 커트가 있다 웨트 커트는 물을 분무하여 커트하는 것으로, 모발을 손상시키지 않고 정확한 커트를 할 수 있다. 모발의 상태가 커트하기에 용이하다. 드라이 커트는 물을 적시지 않고 하는 커트로, 웨이브나 컬 상태의 두발에 길이를 지나치게 변화시키지 않고 수정하는 경우, 전체적인 형태의 파악이 용이하도록 하는 경우, 또는 손상모 등을 간단하게 추려내는 경우에 시술한다.

1) 블런트 커트(직선커트)

직선으로 커트하는 방법이다. 클럽 커트라고도 하며, 원랭스, 스퀘어, 그래주에이션, 레이어가 대표적인 커트이다.

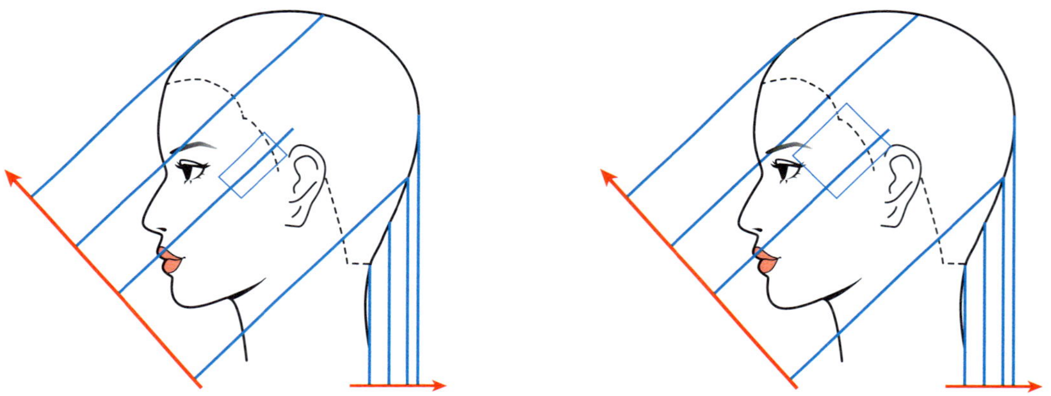

[그림 2-36] 블런트 커트

(1) 원랭스 커트(One length cut)

모발을 하나의 길이 선상에서 커트하는 것으로, 전형적인 보브커트의 기본기법이다. 커트선을 눈높이에서 보았을 때 층이 보이지 않아야 한다. 두발이 전체적으로 단차가 없는 동일선상에서 커트되며, 커트라인에 따라 머쉬룸, 이사도라, 평행보브, 스파니엘 스타일이 있다.

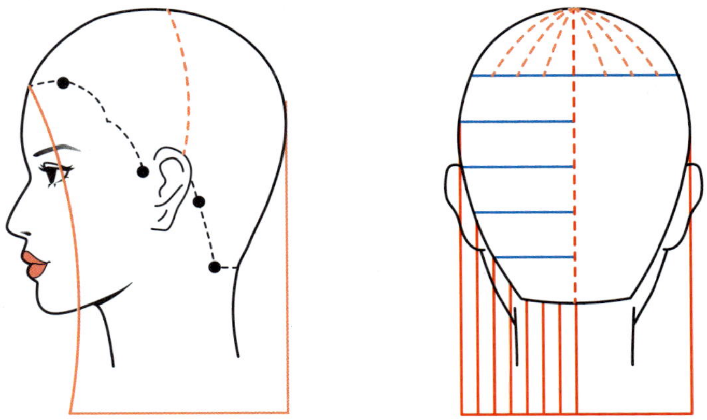

[그림 2-37] 원랭스 커트

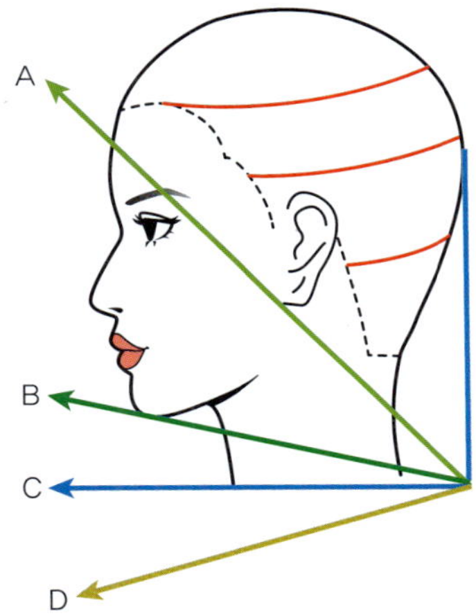

A : 머쉬룸(Mush room) / B : 이사도라(Isadora) / C : 수평보브(Straight Bob) / D : 스파니엘(Spaniel)
(원랭스 커트 종류)

[그림 2-38] 원랭스 커트 종류

(2) 그래주에이션 커트(Graduation cut)

층, 계단, 점진적인 성장 등의 뜻으로 네이프 부분의 길이는 짧고 두정부 부분으로 갈수록 길어지는 상태의 커트이며 두발의 길이에 작은 단차가 생긴다. 층을 많이 내지 않는 머리 스타일에 응용되는 커트이다.

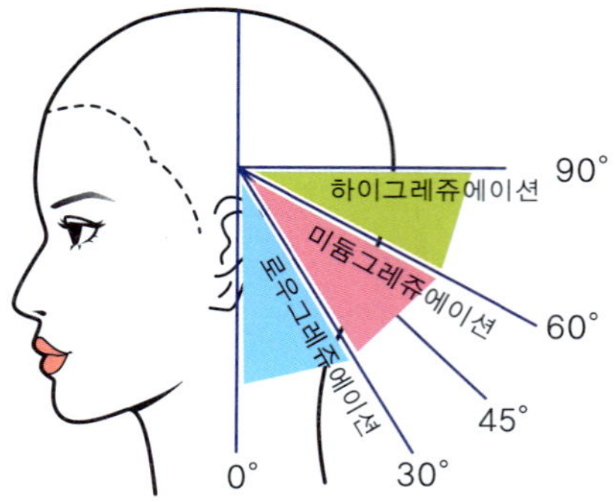

[그림 2-39] 그래주에이션 커트와 각도

(3) 레이어 커트(Layers cut)

레이어 커트는 층이 있다', '쌓다'등의 뜻으로 다른 커트와 다르게 일정하게 층을 나게 하는 커트 스타일이다. 두상 어느 부분에서도 90°각도를 유지하고 단차를 나게 자르는 방식이다. 레이어드(layered, 층이 있는) 커트의 일종으로 가벼운 느낌이 나도록 층의 차를 많이 나게 하는 스타일이다. 상부의 두발은 짧고 하부로 갈수록 길이가 동일하거나 길어져 두발의 단차가 생기는 커트기법으로, 긴 머리, 짧은 머리 모두 폭넓게 응용된다. 인크리스 레이어, 디크리스 레이어, 유니폼 레이어 (라운드 레이어), 스퀘어 레이어와 같은 스타일이 있다.

① 디크리스 레이어 커트

다른 말로 인레이어 커트라고도 하며, 층이 나는 레이어 커트 스타일로 두상에서 윗머리(톱부분)기장이 아래(네이프)부분의 머리보다 긴 스타일로 층이 점점 감소하는 스타일이다.

② 인크리스 레이어 커트

다른 말로 아웃 레이어라고도 하며, 층이 나는 레이어 커트 스타일로 두상에서 윗머리(톱부분) 기장이 아래(네이프)부분의 머리보다 짧은 스타일로 층이 점점 많이 나는 스타일로 긴 머리 스타일에 주로 표현한다.

③ 유니폼 레이어 커트

두상 어디서나 모발의 길이가 동일한 스타일이다. 주로 짧은 레이어 커트 스타일이다.

④ 스퀘어 레이어 커트

두상의 한 지점에서 직각 또는 180°로 들어 커트하는 스타일이다.

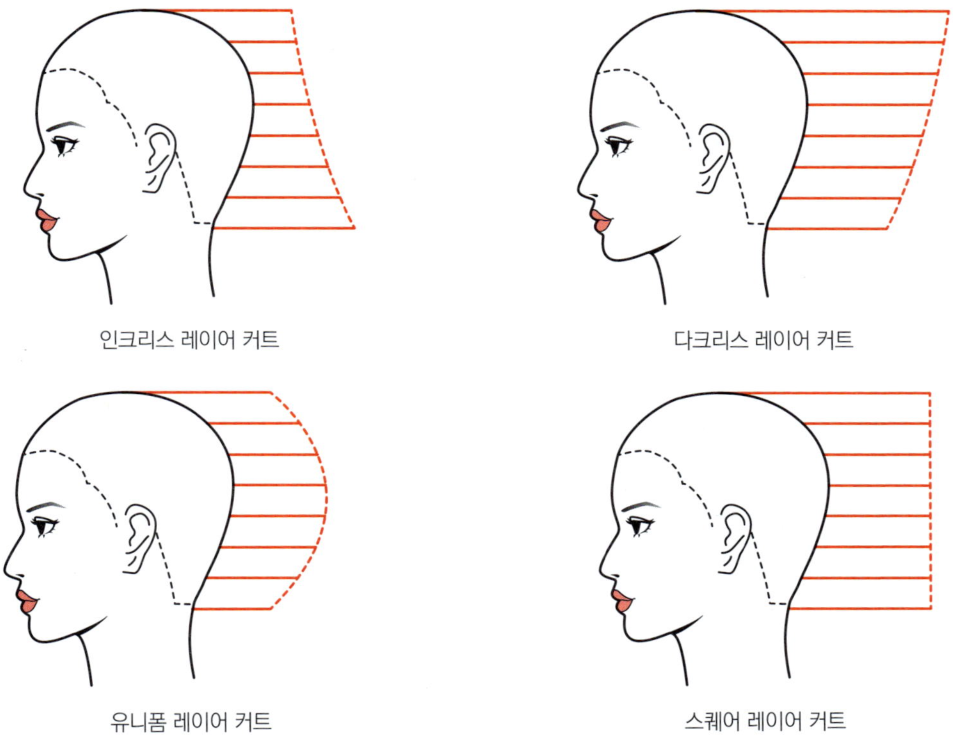

[그림 2-40] 레이어 커트

(4) 기타 커트 스타일

① 보브커트

클레오 파트라의 머리 모양에서 유래된 것으로 앞머리가 이마까지 내려오도록 하는 단발머리 스타일을 말한다. 요즘에는 클레오파트라식 단발 스타일보다는 디자이너에 의해 현대적으로 변형시킨 여러 가지 스타일을 모두 일컫는다.

[그림 2-41] 보브 커트

② **뱅스타일 커트**

앞머리를 수직으로 가지런하게 자르는 스타일이다.

[그림 2-42] 뱅스타일 커트

9 헤어커트와 질감처리 기법

(1) 테이퍼링

모발의 끝을 점차 가늘게 커트하여 끝으로 갈수록 붓처럼 가늘게 하는 방법으로 모발에 자연스런 장단을 만든다. 테이퍼링은 레이저나 틴닝가위로 한다.

(2) 틴닝

모발의 길이는 변화를 주지 않으면서 전체적을 숱만 감소시키는 기법이다. 헤어라인 주위의 모발은 다른 부위의 모발보다 가늘어 틴닝 시 잘린 짧은 모발들이 외부로 두드러져 보이므로 틴닝은 피한다.

(3) 슬리더링

모발 끝을 향해서 미끄러지듯이 커트하는 기법이다.

(4) 클리핑

클리퍼나 가위를 사용하여 튀어나오거나 삐져나온 두발을 잘라내는 방법이다.

(5) 싱글링

두발에 빗을 꽂아 천천히 위로 이동시키면서 빗에 끼어있는 두발을 잘라내는 기법이다.

(6) 포인트 커트

커트 후 두발의 끝을 45° 정도로 비스듬히 커트하는 기법이다.

(7) 스트로크

가위로 스트로크 기법으로 커트한 것을 스트로크 커트라 한다.

HAIR BEAUTY ART THEORY

제3장

퍼머넌트 웨이브 (permanent wave)

❶ 정의

퍼머넌트(permanent)란 “영속하는, (반)영구적인”을 의미이다. 퍼머넌트 웨이브(permanent wave)는 모발에 있어 웨이브를 만들기 위해 로드라는 도구와, 웨이브가 잘 형성되기 위한 가온(열), 모발의 화학적 결합을 절단, 결합하는 퍼머제의 작용으로 모발의 화학구조를 변화시켜 모발의 웨이브가 오래 유지될 수 있도록 하는 것이다.

정확한 풀 네임은 퍼머넌트 웨이브인데 간단히 미용실에서는 퍼머넌트 또는 파마, 펌이라 하기도 한다.

퍼머넌트 웨이브는 사전 커트 후 디자인의 완성도를 높여주고, 두상의 모양을 보완하며, 모발에 웨이브를 형성함으로써 새로운 헤어스타일을 만들어 헤어스타일의 변화를 주어 고객의 만족도를 높인다.

또한 본인의 헤어스타일 연출을 잘 하지 못하는 고객에게는 웨이브를 함으로서 헤어디자인을 쉽게 연출하며 본인만의 개성을 살릴 수 있는 장점이 있어 남·녀·노·소누구에게 헤어스타일을 적용할 수 있으며, 로드를 이용한 다양한 크기와 모양의 웨이브 또는 직모를 만들어 모발의 질감을 변화시킬 수 있다.

❷ 퍼머넌트 웨이브의 역사

① 고대 이집트 B.C 3000년경부터 점토의 알칼리 성분을 이용하여 가는 막대(로드)에 직사광선 열을 가하여 모발의 조성을 달리하는 것에서 유래하였다. 그리스 로마시대에는 철봉을 이용하여 웨이브를 형성하였고, 19C에는 석유 램프의 열을 이용하여 웨이브를 형성하였다.

② 1875년 프랑스 마샬이 아이론을 개발하였다.

③ 1905년 찰스 네슬러가 알칼리제와 열을 병용하여 heat wave시술의 전기를 형성하였다. (알칼리제로 붕사가 이용되었다.)

④ 1930년 전기를 이용하는 획기적인 가열방식의 기계적인 퍼머가 실용화되었다.

⑤ 1936년 j.b 스피크먼이 아황산수소나트륨으로 40℃ 정도의 온도에서 이루어지는 약액을 제조, 현 cold permanent wave제의 전신이 되었다.

⑥ 1941년 시스틴을 절단하는 연구 결과 미국의 맥도노우 연구진이 치오글리콜산을 주제로 하는 웨이브제를 만들었다.

③ 퍼머넌트 웨이브의 목적

① 기존 헤어스타일에서 웨이브로 인해 다른 스타일을 연출, 디자인하게 쉽게 해준다.

예 업 스타일시 웨이브를 먼저 만들고 시술한다.

② 원하는 스타일의 웨이브 지속성을 갖게 한다.

③ 화학적 제품 사용으로 인한 모질을 바꾸어 준다.

예 경모를 연모로 바꾸어 준다.

④ 모류의 방향성, 움직임을 컨트롤 한다.

웨이브로 인한 모류의 방향을 쉽게 조절할 수 있다.

⑤ 웨이브로 인한 무게감, 질감, 볼륨감을 표현할 수 있다.

⑥ 퍼머넌트 웨이브 테크닉으로 손질이 편한 스타일을 연출할 수 있다.

⑦ 고객이 원하는 모발 상태를 만들 수 있다

예 직모를 축모(곱슬모)로 만들어 인상을 부드러워 보이게 할 수 있다.

④ 고객이 요구하는 퍼머넌트 웨이브

① 헤어스타일 연출 시 집에서도 손질이 편한 퍼머스타일을 원한다.

② 모발의 손상이 덜한 퍼머넌트 웨이브를 원한다.

③ 고객에게 잘 어울리는 퍼머넌트 웨이브를 원한다.

⑤ 퍼머넌트 웨이브 기구, 도구

퍼머넌트 웨이브 시술 시 헤어스타일에 따라, 웨이브의 굵기, 모발의 형태 변화를 위해 여러 가지 기구 및 도구가 필요하다.

1) 로드(rod)

로드는 퍼머넌트 웨이브 시술 시 모발을 로드에 와인딩 한 후, 로드아웃을 하면서 웨이브를 만드는 도구이다.

(1) 기본로드 종류와 특징

미용실에서 가장 많이 사용하는 로드로서 로드의 굵기에 따라 "호"로 나뉘어져 있다. 로드 굵기에 따라 웨이브의 크기를 다르게 할 수 있다.

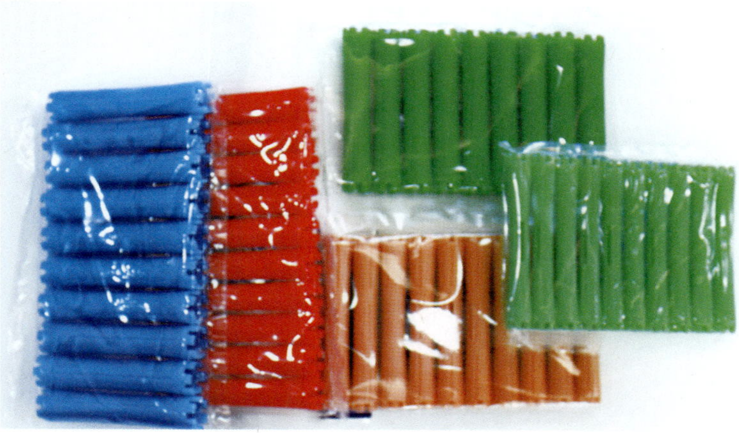

[그림 3-1] 로드

(2) 롤

롤 스트레이트를 할 때 사용하는 도구이다. 대·중·소로 나뉘어져 있다.
핀을 사용하여 고정하는 것과, 고무줄로 고정하는 종류가 있다.
롤은 굵은 웨이브 흐름을 원할 때, 모선부분의 방향성을 원할 때 사용한다.

[그림 3-2] 롤

(3) 스트레이트 판

판 스트레이트 시술 시 사용하는 도구이다. 이는 곱슬모, 파상모를 직모로 변형할 시 사용한다. 모발을 스트레이트 판에 팩을 이용하여 곱게 빗질하여 스트레이트판에 붙혀 고정시킨다.

[그림 3-3] 스트레이트 판

2) 페이퍼(paper)

파지 또는 페이퍼라고도 한다. 이는 퍼머넌트 웨이브 시술 시 머리카락을 로드에 와인딩할 때 모발의 끝을 정리해주고, 와인딩을 쉽게 할 수 있도록 도와준다.

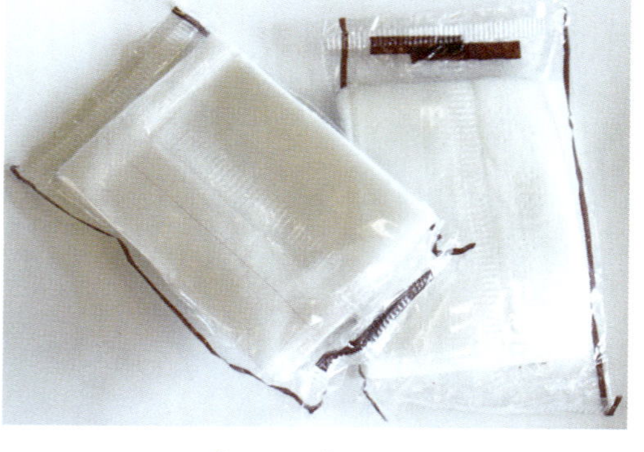

[그림 3-4] 페이퍼

(1) 사용방법에 따른 분류

① 단면 사용법

와인딩할 모발의 판넬 윗면에만 페이퍼를 올려놓고 검지와 중지 손가락으로 모발과 페이퍼를 밀착시킨 후 로드를 판넬 밑에 대고 와인딩한다.

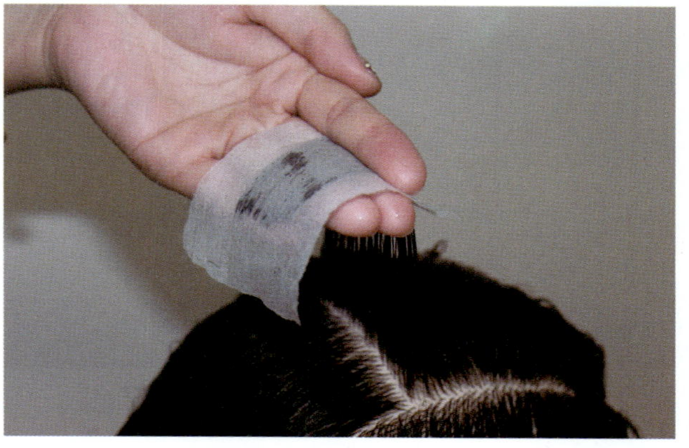

[그림 3-5] 단면 사용법

② 양면 사용법

페이퍼를 모발 판넬 위·아래 면에 겹치도록 대고 모발 끝을 감싸고 와인딩한다.
이 방법은 모발 끝의 길이가 단차가 심할 때 이 방법을 이용한다.

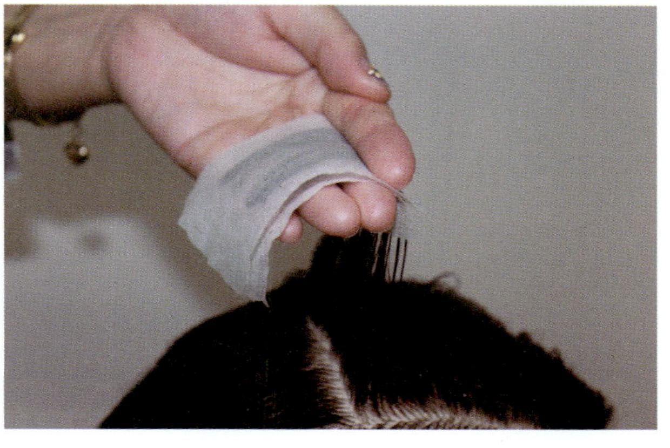

[그림 3-6] 양면 사용법

③ 책갈피 사용법

페이퍼를 반으로 접어서 와인딩할 모발 판넬을 옆으로 감싸서 와인딩하는 방법으로 모발의 단차가 심하면 사용하기가 어렵고, 스파이럴 와인딩 시 주로 이용한다.

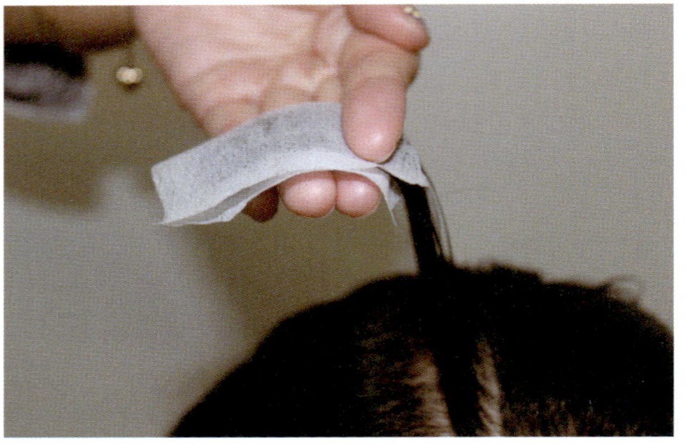

[그림 3-7] 책갈피 사용법

④ 쿠션 사용법

페이퍼를 판넬 위에 올려 놓고 와인딩하는 기법으로 짧은 머리가 와인딩 시 빠지지 않게 하여 약한 머리에 지지력을 주고 전체적으로 모든 모발을 와인딩할 수 있게 한다.

[그림 3-8] 쿠션 사용법

3) 고무줄, 스틱

와인딩이 끝난 모발을 두피에 고정시키기 위해 고무줄을 사용한다.

고무줄로 밴딩하는 방법은 크게 두 가지로 나뉜다. 퍼머넌트가 끝난 고무줄은 반드시 깨끗한 물로 잘 세척 후 보관해야 잘 끊어지지 않는다.

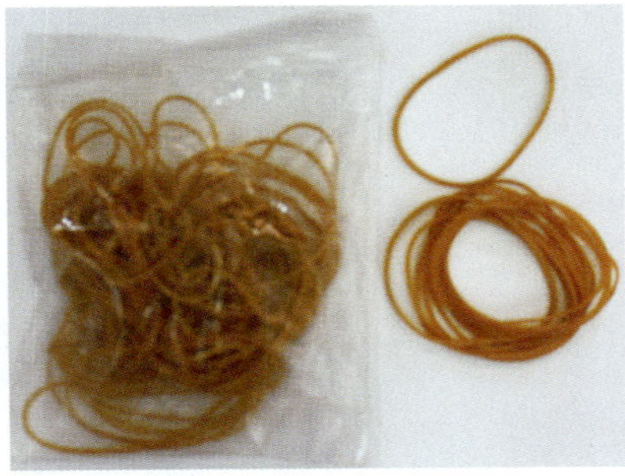

[그림 3-9] 고무줄

(1) 밴딩 기법

① 11자 기법

일반적으로 미용사(일반)국가 자격 검증 때 11자 기법으로 밴딩을 한다. 전체적으로 로드의 위·아래에서 모발과 로드를 밀착시켜 주는 방법이다.

주의사항은 모발과 고무줄이 닿은 부분에 있어 모발이 너무 꺾이게 되면 나중에 이부분이 쉽게 끊어질 염려가 있으니 일명 "꼬지"라고 하는 스틱으로 고무줄을 들어 주어야 한다.

[그림 3-10] 11자 기법

② X자 기법

미용실에서 많이 사용하는 방법으로 11자로 밴딩하는 동시에 로드를 감싸면서 X자로 다시 한번 와인딩한 부분을 고정시켜 준다.

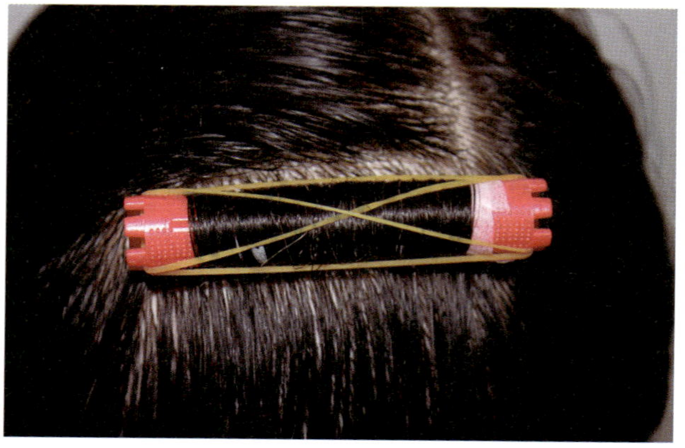

[그림 3-11] X자 기법

③ 트위스트 X자 밴딩

밴딩 시 거의 두 겹이 X자형으로 밴딩하는 것이다.

(2) 스틱

스틱은 와인딩 후 고무줄이 판넬에 너무 밀착될 시 끊어질 염려가 있으므로 고무줄과 판넬을 띄어 놓은 역할을 한다.

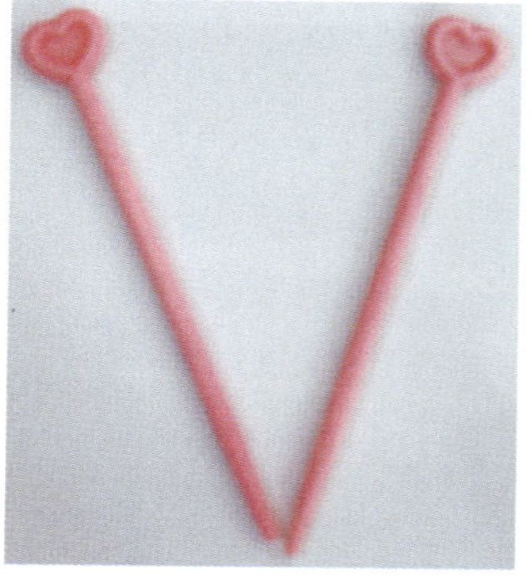

[그림 3-12] 스틱

4) 꼬리빗

꼬리빗은 한 쪽 끝은 빗 부분이고 반대편은 모발을 쉽게 파팅, 섹션, 판넬을 나눌 수 있게 길게 막대기 모양으로 된 빗이다.

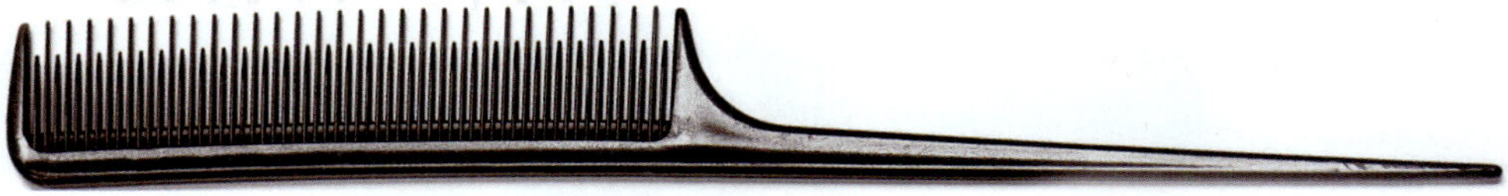

[그림 3-13] 꼬리빗

5) 히팅캡, 비닐캡

히팅캡은 와인딩이 끝난 후 두상에 씌어 가온을 하는 기구이다. 가온을 함으로써 웨이브 형성력을 높이고, 시술 시간을 단축할 수 있다.

비닐캡은 히팅캡을 씌우기 전에 먼저 와인딩 된 두상에 씌우는 것이다. 모발에 도포한 퍼머제가 흘러내리는 것을 방지하기도 하고, 히팅캡에 묻지 않도록 한다.

비닐캡

히팅캡

[그림 3-14] 비닐캡과 히팅캡

6) 헤어밴드

와인딩이 끝난 후 햄인 주위를 기준으로 헤어밴드로 감싼다. 비닐캡이 잘 자리잡도록 하고, 퍼머제가 얼굴 등에 흘러내리는 것을 방지한다.

[그림 3-15] 헤어밴드

7) 가온기(열기구)

와인딩이 끝난 후에 두상 전체적으로 가온을 시킬 때 사용한다. 히팅캡을 사용할 수 없는 매직스트레이트, 판 스트레이트, 롤 스트레이트 등에 사용하는 기구이다.

[그림 3-16] 가온기

8) 퍼머보, 고무장갑

퍼머 시술을 하기 전에 퍼머제 등으로부터 고객의 옷을 보호하기 위해 목을 중심으로 어깨를 덮는 것을 말한다. 시술자의 손을 퍼머제로부터 보호하기 위해 고무장갑을 끼고 시술한다.

[그림 3-17] 퍼머보, 고무장갑

9) 중화 받이

퍼머 시술 중에 퍼머제 1제나 2제를 도포할 시 가운이나 옷에 퍼머제가 흘러내리는 것을 방지하기 위함이다.

[그림 3-18] 중화받이

10) 세팅 열 펌 기기

일명 "세팅 열 펌"을 할 때 사용하는 기구로서, 열 펌 기기에 사용하는 로드로 와인딩한 후 열 펌 기기로 연결하여 와인딩한 로드의 온도를 높이는 기구이다. 열 펌 기기를 사용하면 큰 웨이브도 탄력 있는 웨이브를 형성 할 수 있다.

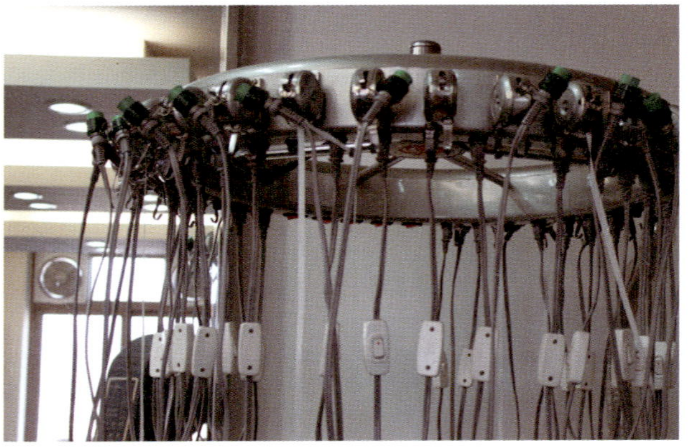

[그림 3-19] 세팅 열 펌 기기

11) 디지털 펌 기기

디지털 펌 기기는 열 펌 기기와 비슷한 원리로 디지털 퍼머기에 맞는 로드와, 퍼머제를 사용하여 와인딩 후 로드와 디지털 펌 기기를 연결하여 로드에 가온을 하는 기기이다. 큰 웨이브도 늘어나지 않고 탄력 있는 웨이브를 형성할 수 있다.

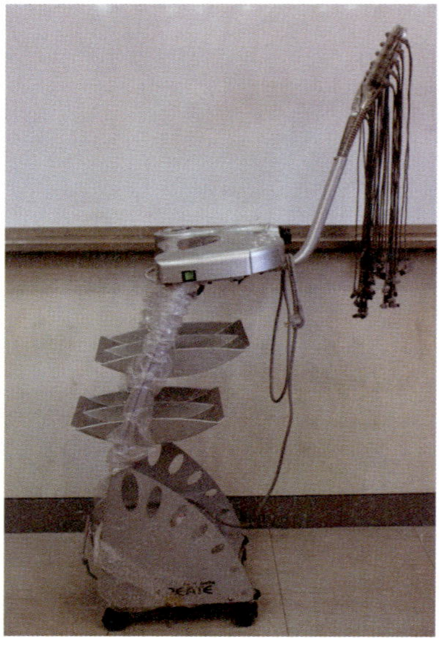

[그림 3-20] 디지털 펌 기기

12) 아이론(iron)

아이론 퍼머를 할 때 로드 대신 모발을 와인딩하여 웨이브를 형성할 때 사용한다.

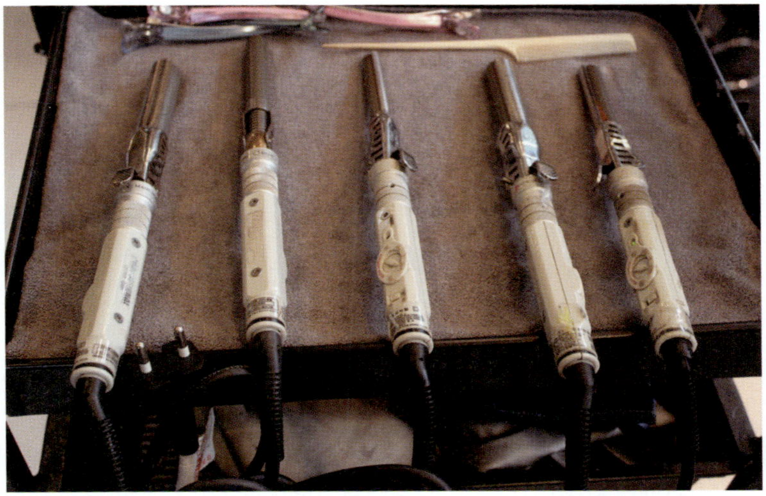

[그림 3-21] 아이론

6 퍼머넌트의 원리

18종의 아미노산이 연구되면서 아미노산의 구조인 폴리펩타이드의 결합구조에 적용되는 화학제품을 응용, 실험연구에 돌입하여 폴리펩타이드의 주쇄와 측쇄 중 측쇄의 절단 양식에 입각한 것이었다. 측쇄결합의 구조로는 수소 결합, 염 결합, 시스틴 결합이 있고 수소 결합은 물에 의한 절단 변화, 염 결합은 알칼리에 의한 절단 변화가 되나 영원성이 없어 퍼머의 목적에는 못 미친다. 퍼머제 중 환원제는 시스틴 결합(-S-S-)을 절단하여 새로운 위치에서 결합이 다시 이루어지는 것을 응용한 것이 퍼머넌트 원리이다.

1) 퍼머넌트 형성 과정

(1) 시스틴 결합은 퍼머제 중 환원제로부터 수소를 받아 환원되며 이것이 퍼머넌트의 1차 반응이다. 이 때 모발의 측쇄 결합 중 시스틴 결합이 절단된다.

(2) 퍼머제가 모피질로 흡수되기 위해서 모표피가 열려야 한다. 모표피를 열어주는 첨가제는 알칼리제로써 흔히 암모니아, 모노 에탄올 아민, 중탄산염, 중탄산 나트륨등을 첨가한다.

(3) 로드 등을 이용하여 모발의 결합 위치를 바뀌게 한다. 바뀐 상태에서 산화제를 이용하여 절단된 시스틴 결합을 재결합 상태로 만들어 모발의 형태를 변형시키는 것이다.

2) 퍼머제와 모발의 화학적 결합 관계

(1) 펩타이드 결합

모발의 결합 중 가장 강한 결합으로 아미노산과 아미노산의 결합으로 이루어진다.주로 모발에 있어 세로로 결합되어 있어 세로 결합이라고도 하며, 가장 강한 결합이라 주쇄 결합이라고도 한다.

퍼머제 1제에 의해 쉽게 절단되지는 않으나, 퍼머제 도포 후 고온으로 가열을 오래도록 하면 절단되기도 한다.

(2) 시스틴 결합

시스틴 결합은 이황화 결합이라고도 하는데 이는 황(S)와 황(S)의 결합이기 때문이다. 황은 모발의 구성 성분 중 시스틴이라는 아미노산이 존재한다. 퍼머제 1제를 도포하면 환원제에 의해 모발의 시스틴 결합(S-S)이 환원에 의해 수소(H)와 결합하여 시스테인(SH-SH)이 된다. 시스틴 결합이 절단되어 모발이 잘 늘어나고, 형태 변형이 쉬워 로드 등으로 모발의 형을 변화시킬 수 있다.

(3) 염 결합

염 결합은 이온 결합이라고도 한다. 즉 전기적인 (+)와 (-)의 결합이다. 모발이 가장 안정적인 상태는 등전점상태인 pH 4.5~5.5 범위이다. 이 범위를 벗어나면 염결합이 절단되고, 이 범위에 들어오면 재결합이 이루어져 모발이 안정된 상태가 된다. 퍼머제의 1제 성분 중 모표피를 열기 위한 알칼리성 성분(암모니아, 모노에탄올아민)에 의해 모발의 pH가 알칼리성 범위로 넘어가 염 결합이 절단된다.

(4) 수소 결합

수소 결합은 수소(H)와 산소(O)의 결합이다. 이는 퍼머제의 성분 중 정제수(물)에 의해 절단이 되고, 수소결합의 원리에 의해 모발이 마르면(건조) 다시 수소 결합이 이루어진다.

7 퍼머넌트 웨이브 화학식 관계

퍼머넌트는 모발의 아미노산과 환원제인 제1액, 산화제인 제2액을 반응시켜 2단계로 이루어지는 화학 반응의 응용분야이다.

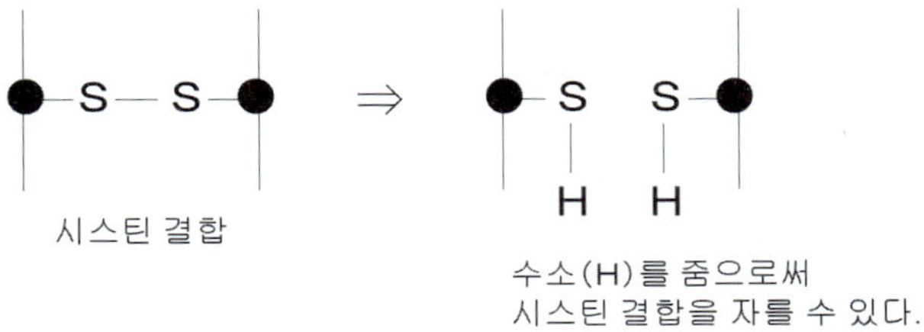

[그림 3-22] 제1제의 화학 작용은 환원 작용

모발에 제1액을 적용시키면 시스틴을 환원시켜 시스테인 두 분자를 생성 산화되어 디치오 디글리콜산을 생성한다. 제1액은 알칼리제가 첨가되어 이를 제거하고 모발을 알칼리로부터 격리시키는 것이 매우 중요하다. 그러므로 2액 시술 전에는 반드시 산성린스를 처리해야 한다.

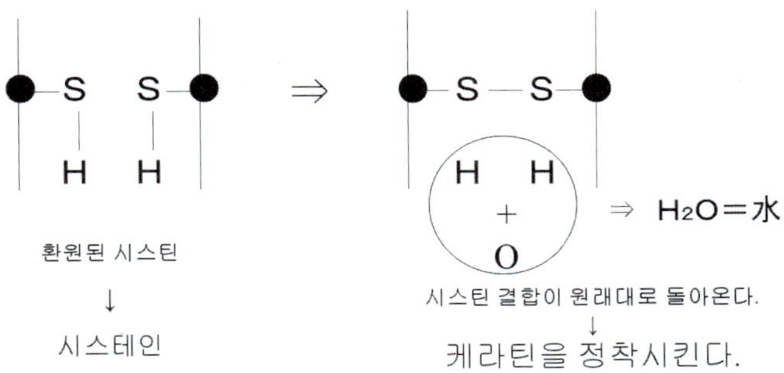

[그림 3-23] 제2제의 화학 작용은 산화 작용

산성린스와 중간세척이 완료된 후 제2액의 산화제를 도포하여 시스테인 두 분자로 부터 수소를 얻어 산화된 시스틴을 형성하고 부산물로 물을 방출함으로써 퍼머넌트는 완결되게 되는 것이다.

8 퍼머넌트 웨이브제

1) 모발과 퍼머넌트 웨이브제의 관계

퍼머넌트 웨이브의 형성에 관여하는 요소가 있다.

(1) 모발 질

사람의 모발은 모질, 모류, 모량 등의 개인차가 있고 여러 가지 모질로 되어 있다. 이러한 모질을 파악하는 것이 기본으로서 중요하다.

(2) 모질에 따른 와인딩(winding)

모질에 따라 로드의 크기, 종류, 와인딩할 모발의 양에 따라 와인딩 테크닉을 달라질 수 있다.

(3) 모질에 따른 퍼머넌트 웨이브제의 선택

모질에 따라 퍼머넌트 웨이브제를 적절하게 사용하여야 한다. 퍼머넌트 웨이브제가 모발의 질에 따라 다르게 제조된다. 이 맞게 모발의 질을 잘 파악한 후에 사용하여야 한다.

2) 퍼머넌트웨이브제의 종류

① 치오글리콜산 및 그 염류를 주성분으로 하는 냉2욕식
② 시스테인 및 그 염류를 주성분으로 하는 냉2욕식
③ 치오글리콜산 및 그 염류를 주성분으로 하는 냉2욕식 축모교정용
④ 치오글리콜산 및 그 염류를 주성분으로 하는 가온2욕식
⑤ 치오글리콜산 및 그 염류를 주성분으로 하는 냉1욕식
⑥ 치오글리콜산 및 그 염류를 주성분으로 하는 발열 2욕식
⑦ 치오글리콜산 및 그 염류를 주성분으로 하는 가온 2욕식 축모교정용

3) 퍼머넌트 웨이브제 성분

(1) 아황산나트륨(sodium sulfite)

약한 환원제로 웨이브 형성이 매우 약하기 때문에 열의 힘과 얇은 로드를 사용하지 않으면 확실한 효과를 얻기 어렵다.

(2) 시스테인계 – 치오계와 작용은 같다.

화장품으로서의 배합량에 제한이 있으며 치오계와 비교하여 약하다. 손상모에 효과적이며, 건강모에는 부적합하다. 사용 로드를 얇게 하는 등의 연구가 필요하다.

(3) 시스테아민

퍼머제의 환원제와 같으나, 배합량이 적다. 분자량이 작기 때문에 침투성이 높고 웨이브 형성력이 있다. 시스테아민 자체는 생체 중에 작용하는 성분의 하나이기 때문에 안전성에 문제는 없지만 보존 중에 괴상화 현상을 일으켜 취급이 까다롭기 때문에 염산을 첨가한 시스테아민염산염이 퍼머넨트 웨이브용으로 가공되고 있다.

4) 퍼머넌트 웨이브제의 조성

퍼머넌트 웨이브제는 주목적인 모발의 구조를 변화시켜 웨이브를 형성하거나, 곱슬 모발을 직모로 변화시켜야 한다. 그러나 이러한 화학적 변화로 모발은 손상을 입기가 쉽다. 퍼머넌트 웨이브제의 요소는 웨이브력과, 트리트먼트력을 동시에 갖출 수 있는 성분을 함유해야 한다.

(1) 퍼머넌트 웨이브 1제 구성

① **환원제** : 치오 글리콜산, 치오 글리콜산암모늄(암모늄 치오글리콜레이트) L-시스테인, DL-시스테인, 시스테아민, 아세틸 시스테인 등이 있다.
② **알칼리제** : 암모니아, 모노에탄올아민, 탄산수소암모늄 등이 있다.
③ **첨가제** : 안정제, 킬레이트제, pH 조절제, 계면활성제, 트리트먼트제 등이 있다.

(2) 환원제의 역할 : 모발의 시스틴 결합을 자르는 작용을 한다.

치오글리콜산은 침투력이 높고, 웨이브를 만드는 폭이 넓다. 시스테인은 모발을 구성하는 성분과 유사하며, 부드러운 질감을 얻을 수 있다. 반면 침투력이 낮고, 모발로의 작용은 치오계보다 약한 단점이 있다. 현재 많이 사용 중인 시스테아민은 치오계나 시스테인계에 비해서 웨이브의 형성력이 큰 것이 특징이다.

① **치오글리콜산계 종류**(thioglycollic acid)

치오글리콜산은 무색의 액체로 특히 냄새가 있으며, 강한 환원작용을 한다. 환원작용이라는 것은 산소를 빼앗는 반응 혹은 수소를 주는 화학반응으로서 그 작용에 의해서 모발 단백질(케라틴)인 시스틴 결합을 절단시킨다. 환원작용이 강하다고 하는 것은 산화시키기 쉽다는 것이고, 공기 중의 산소에 의해 치오글리콜산이 산화되어 디치오글리콜산(dithioglycollic acid)으로 되면 환원작용을 잃어버린다. 그래서 보존할 때는 용기를 밀봉해 그늘에서 보관해야 한다.

- 치오글리콜산 : (퍼머제의 주제로 알칼리제로 중화하여 사용) pH는 산성(1.5)
- 치오글리콜산암모늄 : 암모니아로 중화한 것이다.
- 치오글리콜산에탄올아민 : 모노에탄올아민으로 중화한 것이다.

② **시스테인계 종류**

모발이나 새의 깃털을 원료로 가수분해하여 추출한 시스틴을 환원시켜 수소(H)를 첨가한 것이 시스테인이다. 모발은 케라틴이라는 경단백질로 화학적 결합으로 이루어져 있다. 모발을 산 또는 알칼리로 가수분해하면 약 18종류의 분자량 75~250 정도의 작은 amino acid로 나누어진다. 시스틴은 모발 아미노산 가운데 가장 많이 함유되어 있는 아미노산이고 모발의 특징을 나타내는 중요한 성분으로 되어 있다.

- L-시스테인(천연아미노산) : 중성아미노산으로 모발을 구성하는 아미노산과 동일하며, 산화되어 시스틴을 생성하기 쉽다.
- DL-시스테인(합성 아미노산) : D-체와 L-체의 같은 양 혼합물로 L-시스테인에 비해 시스틴을 생성기 어렵다.
- 염산 L- 시스테인(천연아미노산)/염산DL-시스테인(합성아미노산) : 염산염을 중화해야 하므로, pH조절제 등의 알칼리제를 과잉으로 사용해야 하는 단점이 있다.

(3) 알칼리제의 역할

pH를 높이고 모발을 팽윤, 연화시켜서 퍼머제의 침투를 높이고 환원제의 작용을 활발하게 만든다. 암모니아, 모노에탄올아민, 탄산수소암모늄 등이 있으며 배합하는 종류에 따라서 퍼머제의 작용이 달라진다.

[표 3-1] 알칼리제의 차이에 따른 콜드계 1제의 특성

구분	특성
〈암모니아계〉 암모니아수	◆ 휘발성, 자극적 향이 강하고 알칼리 잔류가 적다. ◆ 오버 타임이 적다. ◆ 배합량에 따라 pH상승이 현저하며 웨이브 형성력이 강하다.
〈아민계〉 모노에탄올아민 트리에탄올아민 등	◆ 불휘발성, 자극적 향이 적고 알칼리 잔류가 많다. ◆ 오버 타임이 적고 팽윤이 낮다. ◆ 배합량에 따라 pH상승이 현저하므로 웨이브 형성이 강하다.
〈중성염계〉 탄산수소암모늄 중탄산암모늄등	◆ 불휘발성, 자극적 향이 적고 알칼리 잔류가 많다. ◆ 오버 타임은 비교적 적다. ◆ 배합량을 증가시켜도 pH상승이 어려우므로 웨이브 형성이 약하다.
〈염기성아미노산계〉 아르기닌	◆ 알칼리성 아미노산으로 잔류해도 손상이 적다. ◆ 특이취, 팽윤성이 낮다. ◆ 모발과의 친화성은 높으나 반응은 약하다.

(4) 퍼머넌트 웨이브 2제(산화제)

- 산화제 : 브롬산나트륨, 브롬산칼륨, 과산화수소
- 첨가제 : 1제와의 상승효과를 가져다주는 배합성분이 사용되고 있다.

① 산화제의 역할

1제에 의해 잘라진 시스틴 결합을 재결합시키는 작용을 한다. 과산화수소는 반응이 빠르고 산화력이 강하며, 방치시간이 브롬산나트륨에 비해서 시간의 단축이 가능하며, 웨이브의 형태를 고정하고 유지시켜주는 작용은 브롬산 나트륨 타입이 일반적으로 많이 사용되고 있다.

② 산화제의 종류

- 브롬산나트륨 (브로민산나트륨/$NaBrO_3$)

  브롬산염의 제2제는 브롬산나트륨(취소산나트륨)을 주성분으로 하는 액상인 것이 대부분이고, 분말상인 제2제의 경우에는 주로 브롬산칼륨(취소산칼륨)이 사용된다.

- 과산화수소(H_2O_2)

  과산화수소 제2제의 경우에는 과산화수소가 산성범위에서 안정하고, 알칼리범위에서는 매우 불안정하므로 pH는 낮게 설정하고 있고 2.5~4.5의 범위이다. 시판품의 pH는 2.5~3.5 정도가 가장 많으며 H_2O_2는 브롬산염에 비해 화학적으로 불안정하고 햇빛이나 미량의 중금속의 존재에 따라서 비교적 간단히 분해하기 때문에 처방에 대해서는 특별히 조심할 필요가 없다.

(5) 첨가제

퍼머넌트 웨이브제의 모발 침투를 좋게 하거나 안정성, 사용감, 냄새 등을 개선하기 위해 1제나 2제에 첨가하는 성분이다.

5) 퍼머넌트 웨이브제의 사용방법에 따른 종류

(1) 1욕법

원스텝웨이브(one step wave)라고도 한다. 보통의 콜드 웨이브는 2욕식이 많으나 1욕식 콜드 웨이브는 퍼머넌트 웨이브 용액이 1종류만을 사용하는 방법이다.

치오글리콜산의 농도와 알칼리제의 양이 2욕식보다 낮게 설정되어 있다. 제2액의 산화제를 사용하는 대신에 공기 중의 산소와 린스제의 수중 산소로서 자연 산화를 이용해서 시스테인을 재결합시켜 퍼머넌트 웨이브를 형성한다. pH는 9.4~9.6이다.

(2) 2욕법

투스텝웨이브(two step wave)라고도 한다. 가장 일반적으로 많이 사용하고 있고, 1단계인 환원제와 2단계인 산화제의 2종류로 이루어져 있다. 퍼머넌트 웨이브를 형성하거나, 모발을 직모로 만들 때 사용한다. 환원제와 산화제로 상온에서 시술하는 방법과 약 60°정도 가온하여 시술하기도 한다.

(3) 3욕법

쓰리스텝 웨이브(three step wave) 라고도 한다. 모발이 경모이거나 강한 모발에 사용하거나 심하게 손상된 모발에 탄력있는 웨이브를 형성하기 위해 사용한다.

3가지 단계에서 첫 단계는 특수활성제라고 하여 모발을 팽윤·연화시키기 위해 와인딩 전에 모발에 도포한다.

9 퍼머넌트 웨이브에 따른 분류

1) 기본와인딩

기본와인딩 기법으로 굵은 웨이브를 원할 시 굵은 로드를 이용하여 퍼머넌트 웨이브를 시술한다.

[그림 3-24] 기본와인딩

2) 사선와인딩

크게 파팅을 한 후 사선으로 섹션을 나뉘어 와인딩을 한다. 머리길이, 웨이브 크기를 고려하여 섹션폭과 로드의 굵기를 선택하여 와인딩 한다.

[그림 3-25] 사선와인딩

3) 벽돌쌓기 와인딩

벽돌쌓기 와인딩을 하되 정중선(센타파팅)을 한 후 G.P(골든포인트)에서 벽돌쌓기 형태로 사이드 헴라인까지 와인딩을 진행한다.

[그림 3-26] 벽돌쌓기 와인딩

4) 원형확장 와인딩

한 지점을 기준으로 부채꼴모양으로 와인딩하는 것이다. 원형확장한 부분의 웨이브의 흐름을 줄 수 있다. 종류는 1/2 원형확장, 1/4원형확장이 있다.

[그림 3-27] 원형확장 와인딩

5) 스파이럴 와인딩

스파이럴 와인딩은 나사선모양으로 로드를 따라 모발을 와인딩하는 것이다. 주로 긴 모발에 균일한 웨이브를 연출하고자 할 때 와이딩하는 기법이며, 로드는 일반로드 또는 길이가 긴 특수로드를 사용한다.

[그림 3-28] 스파이럴 와인딩

6) 프로젝션 와인딩

모발의 질감을 표현을 모선 쪽에 두고 모근 쪽 베이스 부분은 퍼머넌트가 되지 않은 상태로 두며 커트의 길이에 따라 머릿결의 질감이 표현되면 커트와 관계가 있다. 대개 퍼머넌트의 길이 또는 퍼머가 되지 않는 부분의 길이를 일정하게 유지하면서 무게감을 확장시키거나 커트의 표현을 증가시키기 위해 사용하는 기법이다.

[그림 3-29] 프로젝션 와인딩

7) 더블 와인딩

더블 와인딩은 하나의 베이스 폭 안에 스트랜드(판넬)의 모발을 2개의 로드를 이용하여 와인딩하는 기법이다. 주로 전두부, 톱부분에 시술한다.

[그림 3-30] 더블 와인딩

8) 이중로드 와인딩

한 베이스에 가는 로드, 굵은 로드로 와인딩하는 기법이다. 뿌리 부분 볼륨을 줄 수 있다.

[그림 3-31] 이중로드 와인딩

9) 캔들 와인딩

사이드부분, 백부분의 모발 흐름에 역행에서 세로 와인딩 기법으로 나란히 와인딩 하는 기법이다. 스핀들 스틱 와인딩(spindle stick winding) 이라고도 한다.

[그림 3-32] 캔들 와인딩

HAIR BEAUTY ART THEORY

HAIR
BEAUTY
ART
THEORY

제4장

헤어 컬러링

1 색채

1) 색채이론

색이란 빛의 광선의 움직임에 의해 생기는 것이다. 염색과정을 통해 모발에 착색된 인공색소나 모발에 있는 자연색소에 의해 광선이 흡수되거나 반사되었을 때 생긴다. 자연적인 모발 색은 멜라닌에 의한 빛의 흡수나 반사에 의해 일어난다. 멜라닌(melanin)은 모피질(cortex)에서 발견되는 색소이다. 멜라닌의 크기, 양, 분포가 모발의 색을 결정짓는다. 모피질에 분포되어 있는 큰 멜라닌 분자들의 양이 많을수록 짙은 색을 띄게 되고 작은 멜라닌 분자들이 적은 양으로 분포되어 있을수록 밝은 색이 나타나게 된다.

2) 색의 법칙

색의 법칙은 다른 색들을 만들기 위해서 염료와 색소가 섞이는 것을 조절한다. 이는 과학에 기초하고 있고, 예술에 적용된다. 색의 법칙은 조화로운 색의 혼합을 위한 지침이 될 것이다.

(1) 원색(기본색 : primary colors)

기본색이란 다른 색을 혼합하여 만들어낸 것이 아닌, 기초적인 순수한 색들이다. 3가지 기본 색은 빨강(red), 노랑(yellow), 파랑색(blue)이다. 다른 모든 색들은 일차 색의 혼합에 의해 만들어진다.

[그림 4-1] 원색

(2) 2차색(secondary colors)

2차색은 원색 두 가지를 같은 양으로 혼합하여 얻어지는 색이다. 같은 양으로 혼합했을 경우, 노랑(yellow)과 파랑(blue)은 녹색(green), 파랑(blue)과 빨강(red)과 보라(violet), 그리고 빨강(red)과 노랑(yellow)은 주황색(orange)을 만들어낸다.

2가지 색을 혼합하면 여러 가지 색을 만들 수 있다. 삼원색을 전부 혼합하면 무채색이 된다.

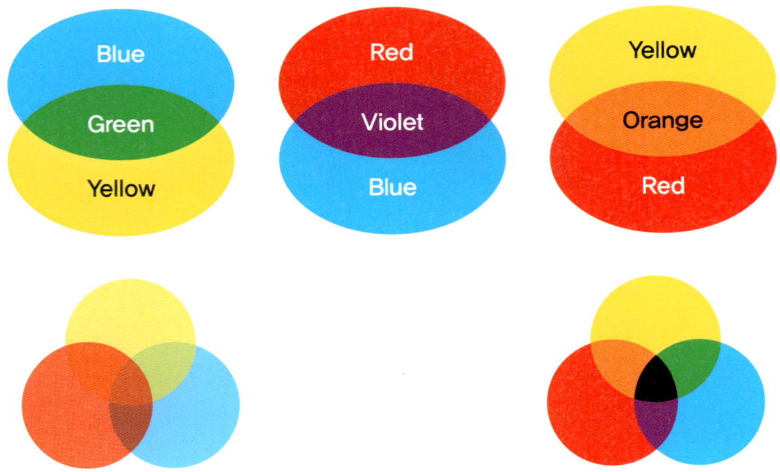

고명도 저채도의 믹스　　　　저명도 고채도의 믹스

[그림 4-2] 2차색

(3) 3차색(tertiary colors)

3차색은 기본색 한 가지를 이에 근접한 2차색 중 하나와 같은 양을 혼합했을 경우 얻을 수 있다. 3차색은 노랑과 녹색을 혼합했을 경우 연두색(green-yellow), 파랑과 녹색은 청록(blue-green), 파랑과 보라는 남색(blue-violet), 빨강과 보라는 자주(red-violet), 빨강과 주황은 다홍(pale yellow red), 그리고 노랑과 주황은 귤색(pale red yellow)이 만들어진다.

[그림 4-3] 3차색

(4) 보색(complementary colors)

보색이란 색상환(color wheel) 안에서 서로 반대되게 위치해 있는 어느 두 가지 색을 말한다. 이들 둘은 혼합하면 이들은 서로를 중화시키는 작용을 한다. 예를 들면 같은 양의 빨강과 녹색은 서로를 중화시켜서 갈색(brown)을 만들어 낸다. 주황과 파랑도 서로를 중화시키고, 노랑과 보라 역시 서로를 중화시킨다. 보색(complementary colors)은 항상 기본색 하나와 2차색 하나로 이루어진다. 보색의 한 조는 항상 3가지 원색으로 이루어지게 되는 것이다. 예를 들어 색상환을 보면 빨강(기본색=원색)의 보색은 녹색(2차색)이다. 녹색은 파랑과 노랑으로 이루어져 있다. 이들은 모두 원색=기본색이다.

- 보색관계 : 빨강 - 청록, 바이올렛 - 노랑, 블루 - 오렌지

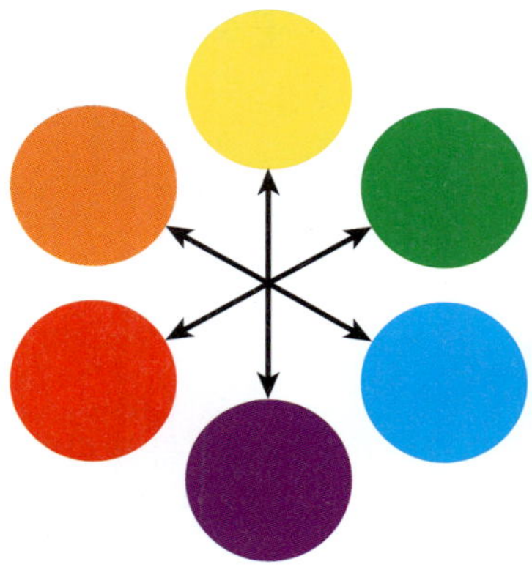

[그림 4-4] 보색

3) 색의 3속성

(1) 색상(hue)

유채색은 각기 색감과 성질을 달리하고 있다. 이들 색을 구별하는 데는 색의 이름을 필요로 한다. 색명으로 구별되는 모든 색들은 모두 감각으로 느낄 수 있고 이러한 색의 속성을 색상이라고 한다.

- 명도, 채도와 상관없이 어떠한 색깔을 띠는가를 구별하는 성질
- 색상의 계열은 크게 3가지로 나눔(계절과도 관계있음)

① **난색계열** : 2차색상이 주황색을 중심으로 한 주변의 색상, 따뜻한 느낌을 준다(주황색, 구리색, 붉은색, 황금색, 장미색).

② **한색계열** : 1차 색상인 파란색을 중심으로 한 주변의 색상, 차가운 느낌을 준다(파란색, 재색, 은색 등).
③ **중성계열** : 녹색 및 보라색 주변의 색상, 차거나 따뜻한 느낌이 없는 중간계열 (보라, 적포도주색)

(2) 명도(value)

무채색과 유채색의 공통점은 밝음과 어두움을 가지고 있다는 점이다. 밝음과 어두움을 가지고 있는 것을 밝기의 정도로 표시하는 것이 명도이다. 흰색(white)과 검정(black) 사이에 명도(value)가 다른 회색(grey)의 단계를 균등하게 등분하여 차례로 표현한 것이 명도의 단계이다. 이 명도의 단계는 무채색을 모두 11단계로 구분하여 모든 빛깔의 명도 기준으로 한다.

① 밝음과 어둠을 나타냄, 밝기의 정도를 표시
② **명도의 단계** : 흰색과 검정 사이에 명도가 다른 회색의 단계를 균등하게 등본하여 차례로 표현한 것
- 어두운 색 : 흑색 계열로 보통 1~2범위 중간
- 밝은 색 : 밤색 계열로 보통 3~5 범위
- 밝은 색 : 황금색 계열로 보통 6~10 범위

(3) 채도(chroma, saturation)

색의 순도, 색의 선명도 즉 색채의 강하고 약한 정도를 말한다. 동일 색상 중에 채도가 가장 높은 색을 순색(pure color)이라 하고 선명치 못하며 채도가 낮은 것을 탁색(dull color)이라 한다.

① 색의 순도 선명도를 나타냄, 맑고 탁함의 정도를 표시
② 채도에 따라서 순색 청색 탁색으로 구분
- 순색 : 최고 채도의 색으로 색상 중에서 최고로 맑고 짙은 색
- 청색 : 중간 채도의 색으로 순색에 백색이나 흙색을 섞은 색
- 탁색 : 최저 채도의 색으로 순색에 회색을 섞은 색

2 모발의 색

1) 멜라닌(melanin)

(1) 이유멜라닌(eumelanin)

검정과 갈색 색조와 같은 모발의 어두운 색을 결정, 많을수록 어두워진다. 크기가 크다, 주로 동양인에 많다, 동, 코발트, 철이 다량 함유하여 입자형 색소라고도 한다. 생성은 도파퀴논에서 도파크롬의 경로를 거쳐 흑갈색의 이유멜라닌이 된다.

(2) 페오멜라닌(phomelanin)

붉은색과 노란색과 같은 좀 더 밝은 색조를 담는다. 모발의 밝은 색 결정, 많을수록 모발색은 밝아진다. 색입자가 작고 모발 전체에 퍼져 있다. 분사형 입자, 탈색 시 잘 빠지지 않다. 서양인에게 많다.

생성은 도파퀴논이 케라틴 단백질에 존재하는 시스테인(cysteine)과 결합한 후 적갈색의 페오멜라닌 생성 된다.

(3) 멜라닌(melanin)의 특징

강알칼리제에 용해된다.

2) 내추럴시퀀스와 모발의 색

자연계의 색을 보는 방법과 헤어 컬러의 표현에는 관련성이 있다.

(1) 내추럴 시퀀스(natural sequence of hues)

색에는 아름답게 보이는 고유의 밝기가 있다. 그것은 색상마다 다르다. 적색부터 색상의 그러데이션 순서대로 나열하면, 황색을 정점으로 한 산 모양의 완만한 커브를 그린다. 이 연결을 "내추럴시퀀스(natural sequence of hues) = 색상의 자연연쇄"라고 부른다.

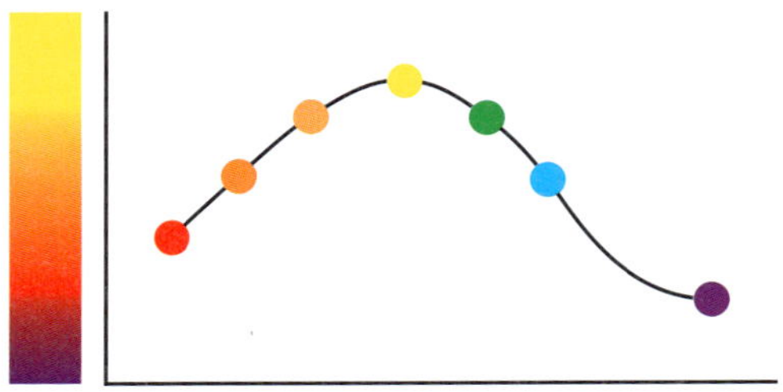

[그림 4-5] 내추럴 시퀀스

언더 컬러의 변화는 밝아짐에 따라 적~황색으로 변화한다(내추럴 시퀀스와 똑같은 작용을 한다). 헤어 컬러로 표현하는 색의 세계는 이 언더 컬러와의 조화에 따라 생겨난다.

<table>
<tr><td>12</td><td colspan="2">황색 계열 표현이 쉽다</td></tr>
<tr><td>10</td><td rowspan="2">오렌지 계열
표현이 쉽다</td><td>매트계열 표현이 쉽다</td></tr>
<tr><td>8</td><td>애시계열 표현이 쉽다</td></tr>
<tr><td>6</td><td colspan="2">적색 계열 표현이 쉽다</td></tr>
<tr><td>4</td><td colspan="2">자색 계열 표현이 쉽다</td></tr>
</table>

[그림 4-6] 명도와 색 표현

헤어 컬러는 언더 컬러와 약제색의 조합으로 표현된다. 헤어 컬러에서 표현하여 나아가면서 모발의 색 변화와 색상이 가지는 특성을 활용하여 나간다.

3) 자연모발의 명도레벨

모발의 멜라닌 색의 양에 의해 결정된다.

(1) 자연모발 명도와 색상

[표 4-1] 자연모발 명도와 색상

명도	색 상
1	흑색(black)
2	아주 어두운 갈색(very dark brown)
3	어두운 갈색(dark brown)
4	갈색(brown)
5	밝은 갈색(light brown)
6	어두운 황갈색(dark blonde)
7	황갈색(medium blonde)
8	밝은 금발(light blonde)
9	아주 밝은 금발(very light blonde)
10	아주 아주 밝은 금발(extry light blonde)
12	매우 아주 밝은 금발(very extry light blonde)

각각의 레벨은 분사형과 입자형의 멜라닌을 함유하고 있다. 입자형의 멜라닌의 크기와 밀도에 따라 달라 보이는 것을 레벨로 표시한 것이다. 밝은 갈색의 명도는 크고 굵은 입자형의 멜라닌이 적은 양이 들어 있으며, 어두운 금발의 경우는 입자형의 멜라닌의 크기가 작으며 밀도가 높다.

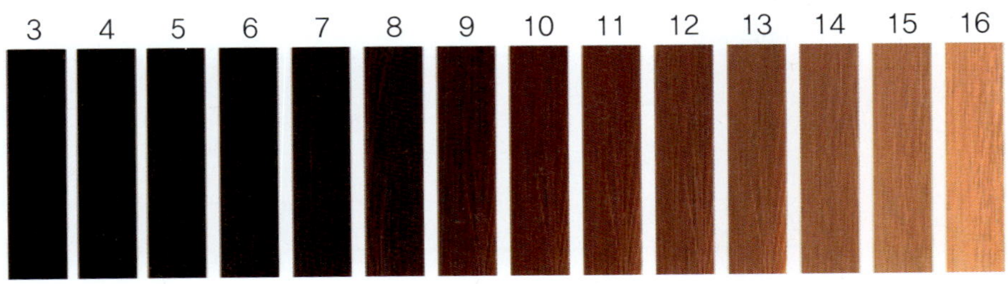

[그림 4-7] 자연모레벨

4) 언더 컬러

각 레벨에서 강하게 느끼는 색을 말한다. 색미 표현을 하는 포인트가 된다(RV→R→OR→O→YO→Y).

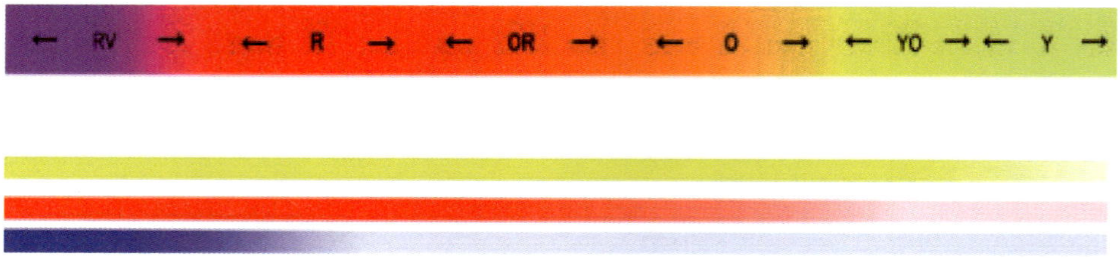

[그림 4-8] 언더컬러

보통 10단계로 나뉘나, 12 단계 이상으로 나뉘는 경우도 있다. 12단계 이상으로 나뉠 때는 1/2로 하면 10단계로 적용을 할 수 있다.

5) 레벨

모발은 탈색제를 도포한 후 시간이 지나감에 따라 밝기가 변화하여 간다. 그 밝기를 단계별로 수치화시킨 것이다. 즉 밝기를 나타내는 단위이다.

6) 탈색(블리치) 레벨(bleach level)

[표 4-2] 탈색 레벨

명도	색 상
1	아주 어두운 빨강
2	아주 어두운 빨강
3	아주 어두운 빨강
4	빨강
5	빨강 오렌지
6	오렌지
7	노랑 오렌지
8	노랑
9	밝은 노랑
10	아주 밝은 노랑

3 염모제 색

회사별로 염모제의 색을 표현 하는 방법은 다를 수 있고, 색표현도 다르게 표현할수 있다.

1) I.C.C(international color code)

국제적으로 염모제의 색 표현을 동일하게 하고자 만든 컬러 코드이다.

[표 4-3] I.C.C 넘버

tone(번호)	색 상
0	natural(자연계열)
1	ash (잿빛)
2	violet ash(진주)
3	gold(금빛)
4	copper(오렌지, 구리빛)
5	mahogany(적자색)
6	red(적색)
7	matt(그린)

2) I.C.C 넘버와 보색의 관계

[표 4-4] I.C.C 넘버와 보색

1(잿빛)	↔	4(구리빛)
2(바이올렛)	↔	3(황금색)
6(적색)	↔	7(녹색)
5(적자색)	↔	1(잿빛), 7(녹색)

3) 염모제 읽기

각 회사별로 염모제 쉐이드 보는 법은 조금씩 차이가 있다.

예를 들어

- a-8이라고 하면 a는 색상을 8은 명도 레벨을 말한다.
- 7. 43 은 앞의 7은 명도를 뒤의 4는 1차 반사색 3은 2차 반사색을 나타내는 것이다. 이러한 표기의 쉐이드를 읽으려면 I.C.C 넘버의 색을 잘 알고 있어야 한다.
  - 1(잿빛), 2(보라빛), 7(매트) → 차가운 계열의 색
  - 3(금빛), 4(구리빛), 5(자주빛), 6(적빛) → 따뜻한 계열의 색

6 . 4 5

6	4	5
명도(모발 밝기)	1차색 주색 1차반사빛	2차색 보조색 2차반사빛

읽는법 : 뒤에서 앞으로 (단 반사빛이 2색상 일 때는 주색을 먼저 읽음)

1) 1차색이 오렌지이고 2차색이 적자색을 띄는 어두운 황갈색
2) 주색이 오렌지이고 보조색이 적자색을 띄는 어두운 황갈색
3) 1차반사빛이 오렌지이고 2차반사빛이 적자색을 띄는 어두운 황갈색

6 / 4 5 위와 동일

[그림 4-9] 염모제 읽기

❹ 베이직 헤어컬러

1) 고객의 모발 이력 파악

우선 염색 시술을 하기 전에 고객의 기본 모발 색, 예전 염색에 의함 모발의 색, 손님에게 어울리는 모발의 색, 모발의 성질 등을 파악해야 한다.

(1) 고객 모발의 이력 파악

① **모발체크**(hair check)

염색 시술을 하기 전에 다음 사항에 대하여 주의하자.

- 문진 : 손님에게 묻는다.
- 시진 : 눈으로 보고 확인한다.
- 촉진 : 만지고 확인한다.

[표 4-5] 고객모발이력

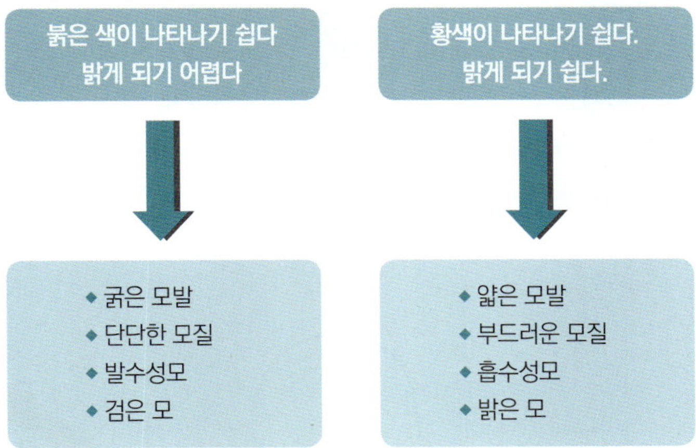

② **두피진단**

습진, 피부염, 상처 등의 트러블이 없는지 주의하자.

③ Point **모발의 이력**

멜라닌 색소와 틴트(염료)의 나머지 상태로 손님의 컬러 이력을 보자. 파마의 유무를 확인한다. 특히 축모 교정을 하고 있는 경우는 명도가 너무 높아지거나, 반대로 높아지지 않는 경우가 있으므로 주의가 필요하다. 손상의 유무를 보자.

2) 모발에 염색 색상 표현 테스트 해보기

(1) 스트랜드 테스트

실제 시술에 들어가기 전에 모발의 상태와 색을 사전에 체크하기 위함이다. 혹시 매니큐어를 하고 있을지도 모르고, 검게 톤 다운하였을지도 모르기 때문이다. 명도의 높이와 컬러의 유무 등이 알기 어려울 때에는 사전에 테스트를 하자. 블리치제 + 산화제 6% 혹은 사용할 예정인 약제로 확인하자.

① 1제 2제의 혼합 비율

1제와 2제의 혼합 비율은 각 제조 회사별로 조금의 차이가 있다.

예 A사는 1:1의 비율로 혼합하고 B사는 1:1.5의 비율로 혼합하고 C는 1:2의 비율로 혼합한다.

② 테스트 과정(process)

- 표면에 나타나지 않는 부분으로 테스트한다.
- 1cm 각의 모속을 잡아, 사용약제를 도포한다.
- 15분 방치한 후, 약제를 닦아 내고 모발의 상태를 확인하자.
- 미묘한 색을 표현할 때에는 희망색, 추천색 등이 발색하는가를 사전에 확인하자.
- 사용할 예정의 약제로 테스트한다.
- 프론트 사이드 1cm 각의 모속을 잡아 손님에게 확인시켜 준다.

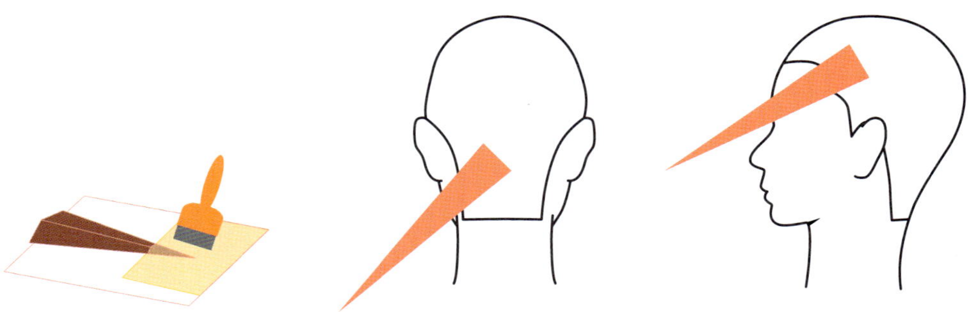

[그림 4-10] 테스트 과정

(2) 패치테스트 하기

염색하긴 전에 반드시 염모제에 의한 피부염(알레르기 반응)이 있는 체질인가를 조사하는 패치테스트(피부시험)을 하여야 한다.

① **방법은 염색 전에 테스트를 한다.**

- 사용하는 색 번호의 1제와 2제를 1제 : 2제 = 1:1 (12레벨 이상은 1:2) 로 혼합하여 테스트 염료를 만든다.
- 팔 안쪽에 10원 동전 크기로 얇게 바르고, 자연스럽게 건조시킨다. 그대로 건드리지 말고 48시간 방치한다. 약제를 바른 부분에 부기나 수포, 가려움 등 피부 이상이 있을 시에는 바로 씻어 내고 테스트를 중지하며 염색을 금하여야 한다. 문제가 없을 시에는 바로 염색을 한다.

3) 고객의 원하는 염모제 색 선정

고객의 희망을 듣고 그에 어울리는 제안을 하여야 한다.

(1) 색 선정 시 고려사항

눈동자의 색, 피부 색등은 색을 선택할 때의 힌트가 된다.

① 눈동자의 색 → 홍채의 색을 본다.

멜라닌 색소의 색을 체크합시다(언더 컬러 예측).

② 피부색 →

- 블루 베이스의 피부(핑크계)
  - 피부의 색을 돋보이게 한다. → 오렌지빛, 구리빛, 레드빛
  - 피부의 색에 어울리게 한다. → 애시빛, 바이올렛, 레드빛
- 옐로 베이스의 피부(오클계)
  - 피부의 색을 돋보이게 한다. → 매트계, 애시빛, 구리빛
  - 피부의 색에 어울리게 한다. → 골드빛, 오렌지빛, 매트계
- 광원에 따른 색 보기 방법의 차이
  - 색은 같은 색이라도 빛(광원)에 따라 보는 방법이 달라진다.
  - 예를 들어 자연광 아래에서는 한쪽으로 치우쳐 보이지 않는 브라운으로 보여도, 형광등 아래에서는 애시계로, 백열등 아래에서는 오렌지계로 보인다.
  - 고객의 라이프 스타일을 고려하여, 색을 선택하는 것이 중요하다.

5 색 배합하기

색 선정이 끝나면 회사별로 제조된 염모제를 사용 설명서에 따라 배합을 한다.

1) 배합순서

① 저울을 준비한다.

② 사용할 염모제를 준비한다.

③ 저울 위에 염색 볼을 올려놓고 “0점”을 맞춘다.

④ 배합 할 염모제 1제를 염색 볼에 담는다.

⑤ 다시 저울의 “0”을 맞춘다.

⑥ 염모제 2제(산화제)를 염색 볼에 담는다(회사별로 1:1, 1:2 비율)

⑦ 염색 브러시로 염색 볼에 있는 염모제 1제와 2제(산화제)를 배합한다(배합이 고루 고루 되도록 브러시로 많이 젓는다).

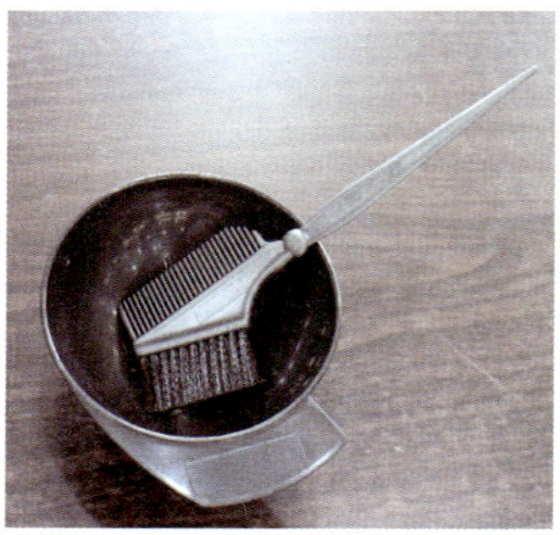

1. 염색볼, 염색 브러시

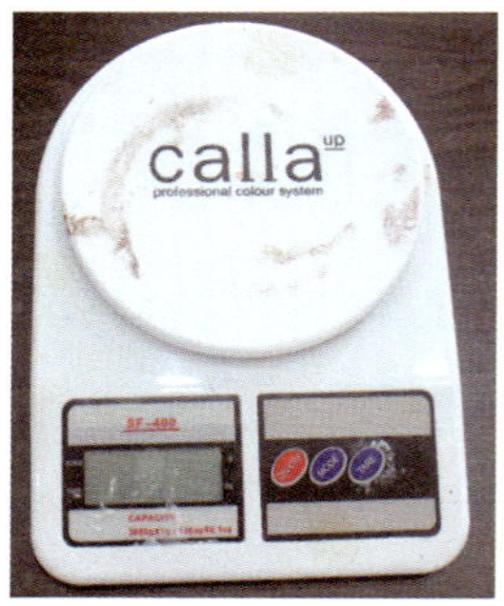

2. 저울 준비

3. 저울 위에 염색볼 올려놓고 “0점”맞추기

4. 염모제 염색볼에 담기

5. 원하는 염모제 양 확인하기

6. 다시 “0점”맞추기

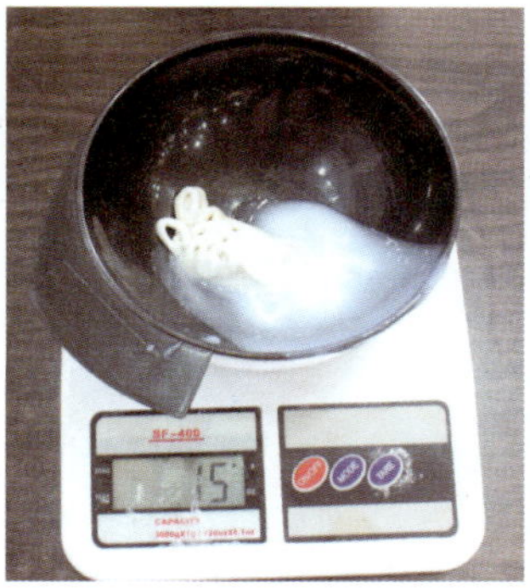

7. 산화제를 염모제 비율에 맞춰 산화제 담기

8. 염모제와 산화제 배합하기

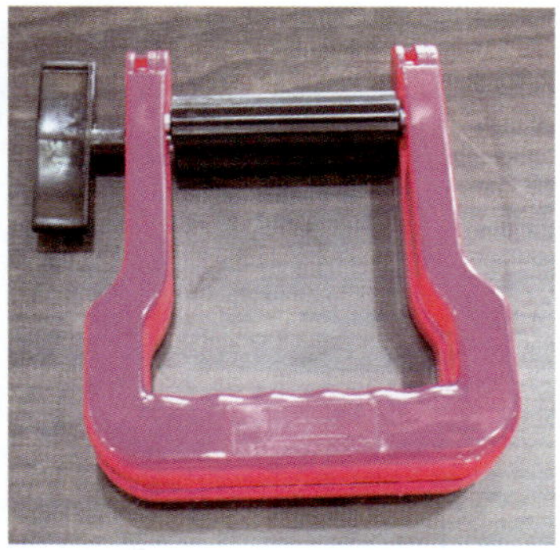

* 염모제 짜개

[그림 4-11] 색 배합하기

2) 염모제의 색상 혼합하여 2차색, 3차색 만들기

고객이 원하는 색이 염모제 색상에 없을 때는 색채이론에 근거하여 모발의 색을 혼합하여 2차색, 3차색을 만들어야 한다.

- 노랑 + 파랑 = 초록
- 빨강 + 파랑 = 보라
- 노랑 + 빨강 = 주황

6 염색의 종류 및 특징

1) 염색의 지속성에 따른 분류

(1) 일시적 컬러(temporary color)

모발표면에 색을 입히는 것으로 입자가 크기 때문에 표피층 사이로 들어가지 못하고 샴푸 시 씻겨나간다.

- 특징
  - 일시적 착색만 가능하며 여러 가지 컬러로 하이라이트를 줄 수 있고 흰머리를 일시적으로 커버한다.

- 염료가 모표피에 물리적으로 강하게 흡착되어 색소를 씌운다.
- 헤어의 명도를 높일 수 없다.
- 사용하기가 편하다.
- 암모니아나 산화제가 들어가 있지 않다(예 : 헤어마스카라, 컬러 스프레이, 컬러무스, 컬러 젤 등이 있음)

(2) 반영구적 컬러(semi – permanent color)

반영구적인 염색으로 코팅 컬러, 산성 컬러가 여기 속하며 제1제만으로 구성되어 직접컬러(direct color)라고도 한다.

◆ 특징

- 염색 도포 후 4~6주 정도 지속된다.
- 밝은 색으로 변환이 되지 않는다.
- 염색분자 입자가 작은 분자 큰분자가 혼합되어 작은 분자는 큐티클 안에 침투하여 조금 오래 간다.
- 백모는 10~30% 커버한다.
- 색상이 선명하다.
- 단점 : 염색 종류가 한정되어 있다.
- ph는 2.5~4 정도이다.
- 이온결합하여 색이 나온다.
- 휘발성보다는 염착성이 강하다. 암모니아가 거의 없다.

◆ 반영구적 컬러 염색 원리

약액을 도포하면 산성염료가 침투제의 작용으로 모발에 침투한다. (–)이온의 색소가 모발 내부의 (+)부분과 이온결합한다.

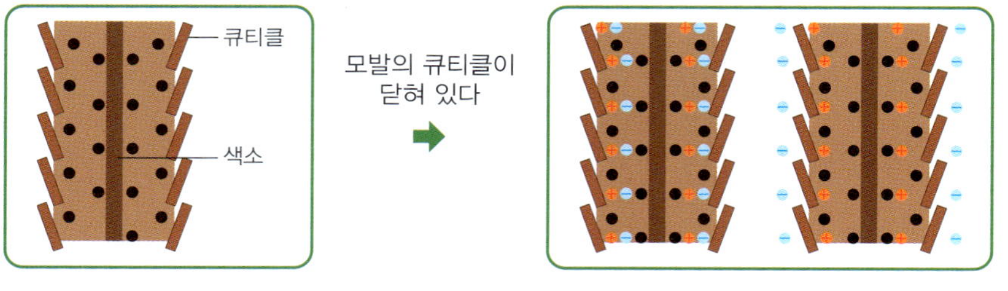

[그림 4-12] 반영구적 컬러 염색 원리

(3) 준영구적컬러(demi - permanent color)

암모니아가 없는 산화염모제, 중성컬러라고도 함, pH는 6~8 정도이고, 다운전용이다.

◆ 특징

- 색상은 6~8 주 정도 지속된다.
- 제1제와 2제를 혼합해서 사용한다.
- 백모 커버는 50% 정도이다
- 산화제(3%)와 암모니아가 약하여 탈색작용은 활발하지 않아 모발은 밝아지지 않는다.
- 컬러 작용은 색조만, 어둡게 염색되며 밝게는 할 수 없다.
- 자연적으로 색이 퇴색되어 모발에 색상의 선명도와 윤기를 주려고 할 때 사용한다.
- 명도는 바꾸지 않고 햇빛에 보이는 색조(반사 빛)을 원할 때 한다(예 : 르벨 마테리아 뮤)

(4) 영구적 염모제(permanent color)

산화염모제, 알칼리염모제. pH는 9~10이다.

◆ 특징

- 1제인 염모제와 2제의 산화제의 혼합으로 사용한다.
- 지속력은 영구적이다.
- 백모커버 100%이다.
- 1제에 암모니아 함유한다.
- low light, high light가 가능하다.

◆ 산화염모제의 구성

- 1제 : 염료중간체, 암모니아, 향료, 트리트먼트 등으로 구성되어 있다.
- 2제 : 과산화수소수

◆ 과산화수소수 농도

- 10vol(3%) : 착색만 가능하다.
- 20vol(6%) : 2레벨업, 백모커버, 일반 산화염모제에 주로 사용한다.
- 30vol(9%) : 3레벨업, 손상이 심하다.
- 40vol(12%) : 4레벨업, 손상이 가장 심하다.

2) 원료에 따른 분류

(1) 식물성 염료(vegetable dyes)

이 제품은 모간의 표면에 염색 막을 만들면서 축적된다. 풀이나 꽃과 같이 다양한 식물에서부터 만들어낸 염색제이다. 과거에는 쪽(indigo), 카밀레(camomile), 세이지(sage), 이집트산 헤나(henna), 그 밖에 여러 가지 식물이 모발을 염색하는 데 쓰였다.

(2) 금속성 염료(metallic dyes)

금속성 염료는 흰머리를 위하여 색을 회복하거나, 점진적으로 어둡게 모발을 물들인다고 불린다. 이 염료는 모발의 빗질을 함으로써 그리고 며칠 후에 점차적으로 모발의 색이 바뀌게 된다.

금속성 염료는 모발에 염색의 막이 이루어지고, 침투됨에 의해 작용하는 것이다. 이 염료는 어둡고, 아무런 광택도 없는 부자연스러운 색을 생성한다. 모발의 느낌은 뻣뻣하고 건조하며 이상한 색조로 색이 변한다.

(3) 혼합적 염료(compount dyes)

혼합적 염료는 금속성 또는 무기질 염료를 식물성 염료와 혼합한 것이다. 금속성 염을 추가하여 착색력을 더 강화시키고, 다른 색을 만들어낸다. 금속성 염료와 마찬가지로 혼합적 염료는 전문적 용도로는 사용되지 않는다. 많은 고객들은 염색제를 구입하여 집에서 사용한다.

(4) 산화성 염료(oxidation tints)

아날린(aniline)에서 유도된 염료, 합성 유기체염료 그리고 아미노염료(amino tints)라고도 알려져 있다. 이것은 영구적 모발 염색의 방법으로 단연 가장 만족할 만하다.

암모니아는 모간을 부풀리고 작은 염료 분자가 모간 모표피(cuticle)를 통하여 모피질 안에 정착하는 것을 돕는다. 한번에 그들은 과산화물에 의해 생성될 산소분자와 함께 반응하기 시작한다.

3) 염모제 화학조성(pH)에 따른 분류

	알칼리 컬러	로 알칼리 컬러	염기계 컬러	산성 컬러	탈색
발색 구조	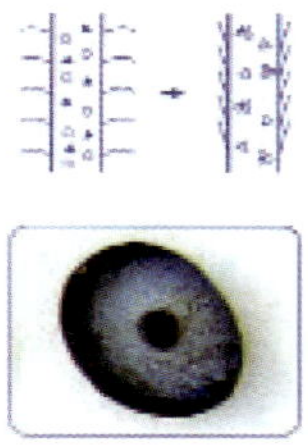	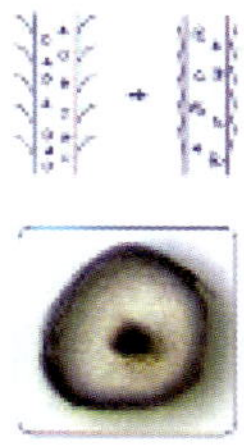	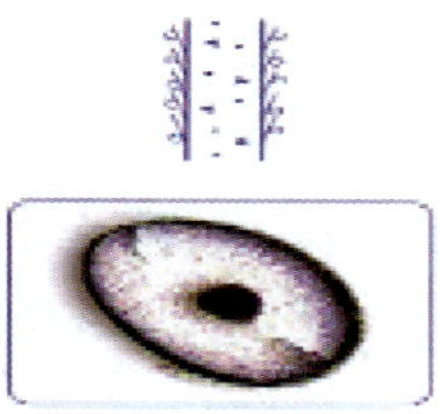	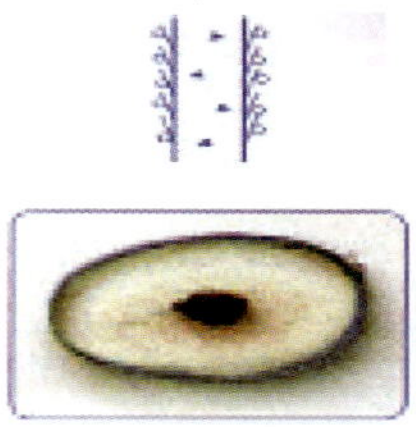	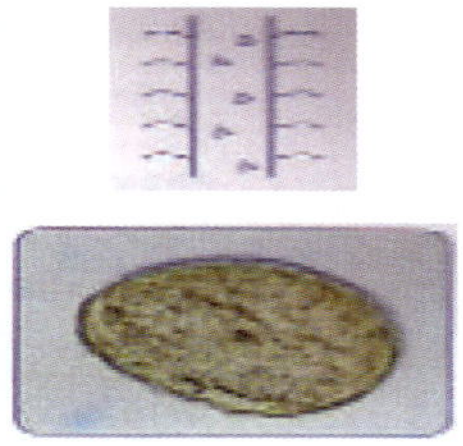
	열린 큐티클 사이에서 염료가 들어와 모발 내부에서 발색한다. 동시에 모발의 멜라닌 색소도 표백되어 간다.		큐티클의 표면에 흡착하여 모발의 내부로 침투하여 염착한다.	큐티클 표면에 이온 흡착한다.	모발의 멜라닌 색소를 표백한다.
pH	9.0~12.0	7.0~10.0	5.0~9.0	2.0~4.0	9.0~11.0
리프트력	중간	낮다	리프트력 없다	리프트력 없다	높다
손상	중간	적음	손상 없음	손상 없음	높다
색유지	매우 좋다	좋다	나쁘다	중간	
구분	의약부외품		화장품	화장품	의약부외품
주의점	폭넓은 색 표현이 가능하나, 알레르기 반응을 일으킬 염려가 있으므로 사용 전에 패치 테스트가 필요하다.		피부에 부착되기 어려운 특징이 있지만, 분자가 작아서 색유지 감은 그다지 좋지 않다.	피부병에 대한 염려는 적지만, 피부에 닿으면 잘 지워지지 않으므로 주의하여야 한다.	알레르기 반응은 일으키지 않지만, 피부에 자극을 주지 않도록 주의하자.
염료의 종류	◆ 산화 염료 ◆ 직접 염색		◆ HC 염료 ◆ 염기성 염료 ◆ 디스파 염료	◆ 산성 염료(쿨계)	

7 염색의 원리

1) 영구적 염색(permanent color) 원리

(1) 염모제 1제의 알칼리성 성분(암모니아)이 모발의 모표피를 팽윤·연화시킨다.

① 큐티클이 열린 사이로 1제와 2제의 혼합액이 침투한다.

② 모피질로 침투한 혼합액의 2제(과산화수소)가 멜라닌을 파괴하고 산소를 발생한다. 이때 1제의 암모니아는 과산화수소의 산소 발생을 도와 멜라닌을 탈색시킨다.

③ 발생한 산소는 염모제1제의 염료와 중합반응, 표백반응, 팽창반응을 일으켜 고분자의 염색분자가 된다.

④ 고분자의 염색분자는 샴푸 시 분자가 커서 모표피 밖으로 빠져 나오지 못하고 모피질 안에서 색을 표현한다.

염색의 원리(영구적 염색)

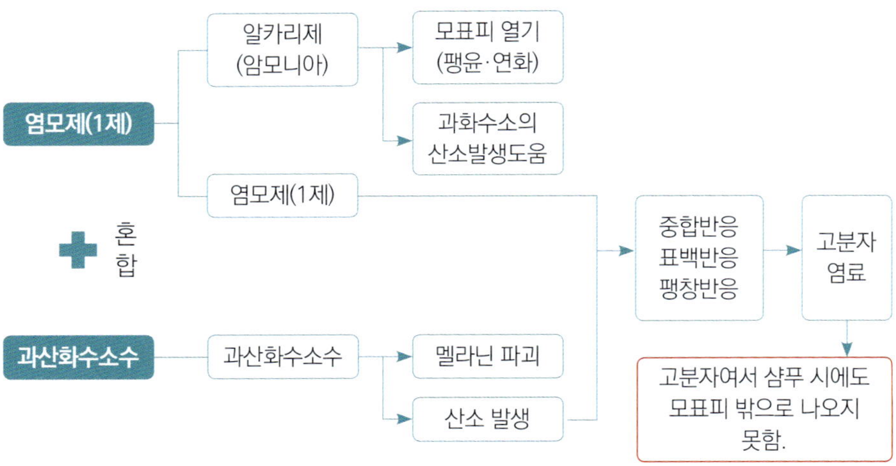

2) 표백작용과 중합작용의 관계

(1) 표백과 중합은 동시에 진행되는 것이 아니라, 먼저 표백이 진행되고, 그 뒤 중합이 약 20~30분 진행되어 발색이 완료된다.

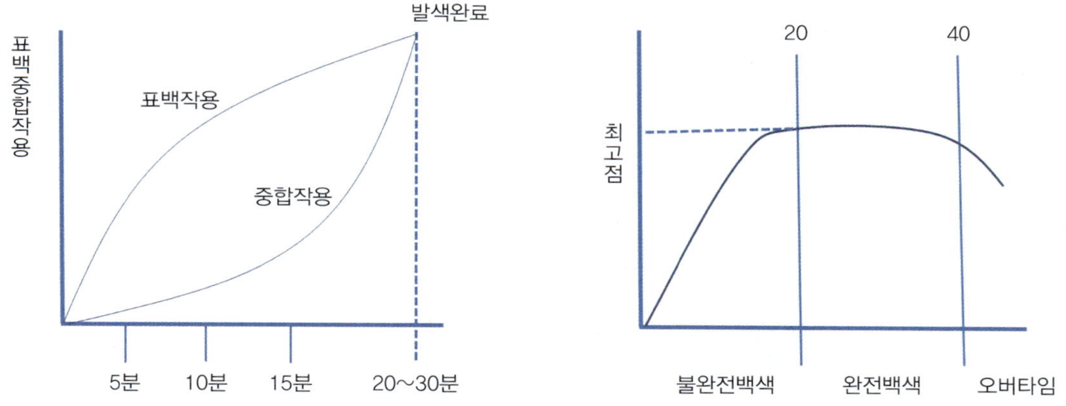

[그림 4-13] 표백작용과 중합작용의 관계

(2) 완전 발색, 불완전 발색, 오버 타임

- 불완전 발색 존 : 중합과 표백의 밸런스를 맞추지 않았다.
- 완전 발색 존 : 중합과 표백의 밸런스를 잘 맞추었다. 약제의 색을 확실히 표현
- 오버 타임 : 손상이 심해지며, 변색과 색의 혼탁함의 원인이 된다.

(3) 같은 알칼리 컬러 비교

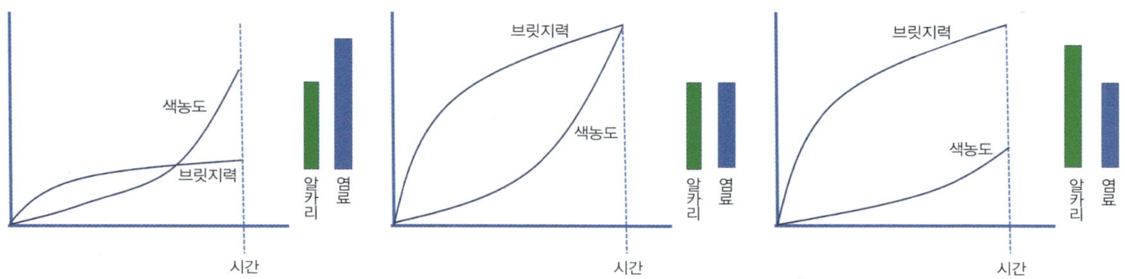

[그림 4-14] 같은 알칼리 컬러 비교

3) 염료에 따른 발색

산화 염료는 그 종류에 따라 발색 정도가 다르다. 예를 들어 청색 계열의 염료는 발색이 훨씬 빠르고, 적색 계열의 염료는 발색이 느린 경향이 있다. 특히 1제와 2제 믹스 후 10분 정도에서는 염료에 따라 발색 정도에 차이가 있다. 20분 후에는 두 쪽 모두 본래의 발색을 낼 수 있다. 염색제를 믹스한 후는 가능한 한 빠르게 도포함과 동시에, 방치 타임을 확실히 두는 것이 중요하다.

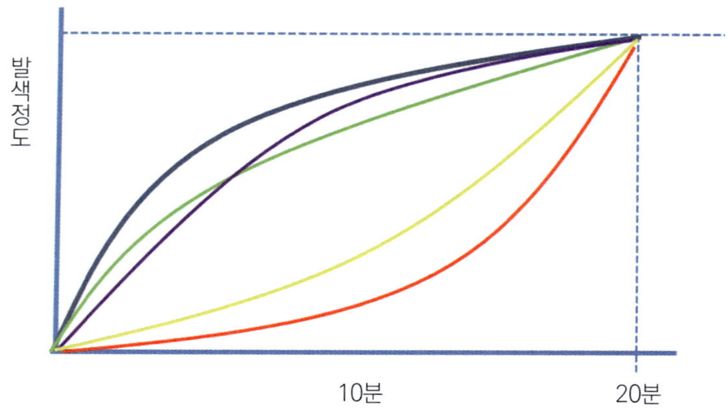

[그림 4-15] 염료에 따른 발색

4) 시간에 따른 발색의 차이

산화제 6%와 2%에서는 발색의 정도가 달라진다. 왼쪽 그래프처럼 6%의 발색에 근접하기 위해서는 시간을 길게 둘 필요가 있다. 단, 40분 이상 두면 색의 혼탁함과 손상과 연결되므로 주의하자.

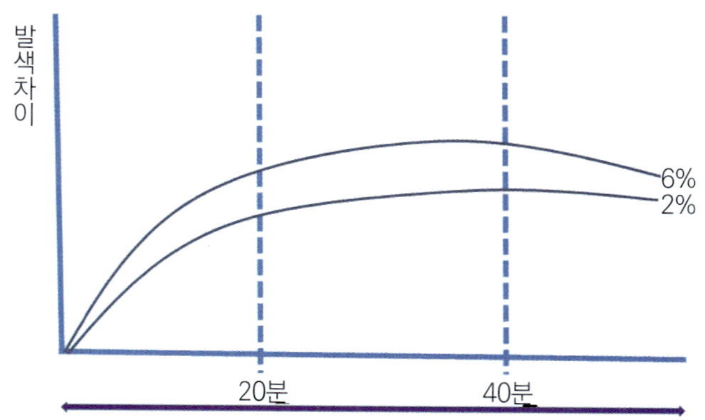

[그림 4-16] 시간에 따른 발색의 차이

8 컬러 도포하기

1) 컬러도포하기 위한 준비

(1) 컬러도포 테크닉의 결정과 시술

① **사용 약제와 기술 결정** : 사용할 약제와 싱글 프로세스, 더블 프로세스, 디자인 컬러 등의 기술을 결정한다.
② **전처리** : 모발 손상 정도에 맞추어, 전처리를 한다.
③ **시술** : 컬러도포는 빠르고, 정성스럽게 도포 시술을 한다.
④ **애프터 처리** : 프레인 린스 후 컬러전용 샴푸로 애프터 샴푸를 한다. 애프터 처리에서 P.P.T 등을 사용하여 트리트먼트를 한다.

(2) 컬러 도포 전 고객에 대한 준비 사항

① 두피 체크를 한다.
② 옷을 더럽히지 않도록 목 부분에 랩으로 감싸고, 타월을 목에 감는다.
③ 컬러 크로스 위에도 타월을 걸친다.
④ 페이스 라인에 보호 크림을 도포한다.

(3) 컬러도포 시 알아야 할 내용

헤어 컬러는 다음과 같은 요인에 의해 영향을 받는다.
① **시간** : 시간에 따라 염착이 좌우된다.
② **온도** : 온도가 높으면 염착 반응이 빨라져 염색이 잘된다.
③ **도포량** : 도포량이 많을수록 잘 염착된다.

머리 부분에 따라서도, 염착이 변하므로, 도포량과 시간으로 조절하여야 한다.

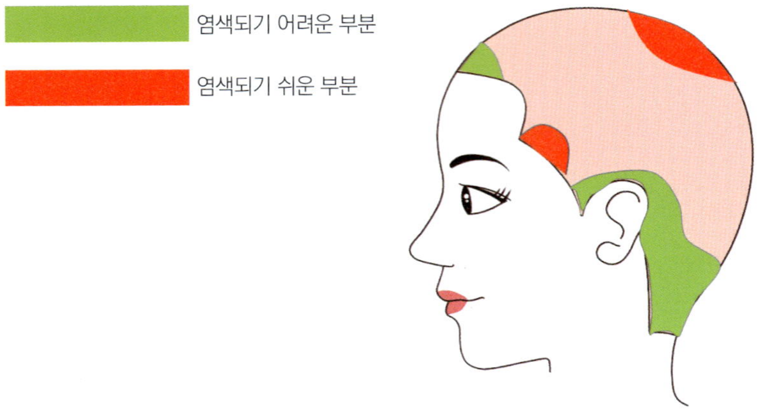

[그림 4-17] 염색 부분

HAIR BEAUTY ART THEORY

HAIR
BEAUTY
ART
THEORY

제5장

블로 드라이

1 블로 드라이(blow dry)의 개념과 역사

블로 드라이는 헤어 스타일링을 연출하기 위한 가장 기본적이면서도 완성도가 높은 중요한 테크닉으로 열과 바람을 이용해 모발을 건조시키고 형태를 보완하거나 새로운 형태로 연출을 꾀하는 작업이다. 한 번의 작업으로 젖은 모발을 건조시키고 스타일링까지 할 수 있는 테크닉으로써 시간이 절약되며 헤어스타일을 아름답게 연출해 준다. 블로 드라이는 최소의 작업으로 최대의 효과를 주고 부드럽고 자연스러운 헤어스타일을 구성해 주며, 다른 도구의 병용에 의해 효과는 더 커진다. 살롱에서 핸드 드라이(hand dryer)와 브러시(brush) 등을 사용하여 고객의 만족한 헤어스타일을 창조해 나가는 마무리 작업이다.

우리나라에서의 블로 드라이의 시술은 1960년대 중반 이후 급격히 보급된 현대미용의 테크닉이다. 헤어스타일에 관한 관심은 1900년도를 전후로 외국의 문명이 유입되면서 시작하였다. 1933년 처음으로 미용실이 생겨나 극히 일부 층에서만 이용하였는데, 이러한 변화는 여성들의 사회 참여와 함께 급속도로 확산되었다. 그리고 헤어스타일을 구사하기 위한 아이론(iron)에만 의존해 오던 것을 1970년대에 일본을 통하여 드라이어가 도입되었으며, 아이론이 모발에 나쁜 영향을 끼치게 됨을 인식하면서 1980년대에 드라이어 사용이 확산되어, 오늘날에 이르렀고, 현재는 어느 가정에서나 일반화된 미용 기구의 하나라 할 수 있다.

1) 블로 드라이(blow dry)가 유행하게 된 시대적 배경

① 여성들의 사회진출로 인한 기능적 문제해결이 쉽고 빠른 머리손질로 인한 시간 절약이다.
② 자연주의를 추구하는 사회적 분위기로 인한 자연스러운 스타일링을 추구한다.
③ 헤어스타일 본래의 목적인 미적욕구 충족이다.

2 블로 드라이의 목적과 의미

블로 드라이(blow dry)의 사전적 의미를 살펴보면 드라이기(dryer)로 머리를 매만지기라는 뜻을 가지고 있다. 블로 드라이는 일시적인 세트로서 헤어 스타일링을 하기 위한 가장 기본이면서도 완성도가 높은 유용한 시술이며, 드라이기의 열풍과 냉풍을 이용해 모발을 건조시키면서 두형을 보완하거나 각종 헤어스타일의 형태를 보완하며 새로운 형태로 연출할 수 있는 작업으로 정의할 수 있다. 한 번의 작업으로 모발을 건조시키고 스타일까지 연출할 수 있으므로 시간절약면에서 효율적이다. 블로 드라이는 최소의 작업으로 최대의 효과를 얻을 수 있으며, 부드럽고 자연스러운 헤어스타일을 구성해주며 다른 도구와의 병용에 의해 효과는 커진다.

헤어스타일링을 하기 위한 가장 기본적이면서도 완성도가 높은 테크닉으로, 건조된 모발에 적당한 수분을 공급한 다음 드라이의 열과 바람을 이용하여 헤어스타일링 리스트가 원하는 새로운 형태로의 연출을 꾀하는 작업이다.

① 모발의 흐름을 정리하여 모발에 윤기를 줄 수 있다.

② 모발을 원하는 방향으로 펼 수도, 구부릴 수도 있다.

③ 모발을 원하는 방향으로 와인딩하여 웨이브를 강하게 또는 약하게 만들 수 있다. 블로 드라이는 드라이기의 열풍, 온풍, 냉풍을 이용해 커트나 퍼머 등의 스타일에 완성도를 높이고, 그 밖에 연출하고자 하는 헤어스타일의 이미지를 빠르게 만들 수 있으며, 헤어스타일의 아름다움을 최대한으로 표현하는 것이다.

3 블로 드라이 원리

드라이기의 열풍, 온풍, 냉풍을 이용해 일시적으로 모발의 구조에 변화를 주어 스타일링을 형성하는 방법으로써 모발에 물이 닿으면 모발 내부의 측쇄 결합 중 수소결합이 일시적으로 끊어지게 되고 모발이 마르면 다시 재결합이 이루어진다. 이런 원리를 기본으로 드라이기의 열풍을 이용해 모발의 수분을 증발시키면서 물리적인 힘을 가해 새로운 형태의 모양을 만든다. 이때 수소결합과 염 결합의 재결합으로 새로운 형태가 만들어져 고정되며, 그 형태변화는 펴기, 안말음, 웨이브 등이 된다. 그러므로 다른 형태로의 전화이나 스타일링을 형성시키기 위해서는 반드시 모발에 적당한 수분을 골고루 공급하는 것이 필요하다.

1) 열 + 바람 + 수분으로 스타일을 만든다.

① 롤, 파마로드, 아이롱 등의 공통점은 둥글다 → 컬이 만들어진다.

② 한 바퀴 와인딩 → C컬이 생긴다.

③ 두 바퀴 반 와인딩 → S컬이 생긴다.

* 반을 더 말아야 하는 이유는 리치가 생기는 부분이 꺾이기 때문이다.

2) 더운 바람

① 모발에 열을 가하면 모발이 쭈그러든다. 이때 롤을 이용해 모발을 잡아 당겨서 스타일을 내다.

② 젖었을 때 : 모발은 평상시보다 최대 2배까지 늘어난다(수소결합이 절단). 이 역시 롤을 사용한다.

③ 젖은 머리 그대로 말리면 원상태로 되돌아간다.

3) 드라이 시

모발에는 유분과 수분이 있다 드라이 할 때 수분이 먼저 증발하고 유분이 남아서 모발에 막을 형성해 윤기를 준다.

4) 손상모 시

드라이할 때 손상모의 끝이 다 갈라지는(지모)모가 되어 모발이 엉킨다.

5) 드라이 한 곳에 열을 가해 드라이 하면 스타일이 안 나온다.

이유는 이미 수분을 주어 수소결합을 파괴하고 열과 바람을 이용해 건조시켜서 수소 결합이 재결합이 되어서 어는 정도의 스타일을 만들었기 때문이다. 이때는 분무를 해서 수소결합을 다시 절단 시켜서 스타일을 내든가 아니면 더 높은 열을 이용해서 스타일을 변형시켜야 한다. - 높은 열을 사용 시 머리손상에 항상 주의를 하자.

4 블로 드라이어 사용방법

- 머리를 감고 수건으로 가볍게 톡톡 눌러 남은 물기를 제거한다.
- 손가락 또는 굵은 빗으로 머리 감을 때 엉킨 머리카락을 조심조심 풀어 준다.
- 드라이 열에 머리카락이 힘든 것은 사실이다. 그래서 머릿결의 손상을 방지하기 위해 에센스나 트리트먼트 등의 모발 보호제품을 도포한다.
- 드라이 할 때에는 반드시 머리카락 안쪽부터 하도록 한다.
- 또, 열로부터 모발을 보호하기 위해 드라이를 약 10cm 이상 간격을 두고 하도록 한다.
- 열과 바람이 골고루 가도록 버튼을 온풍으로 맞추고 안쪽부터 말려준다.

- 머리카락이 어느 정도 말랐다 싶으면 다시 찬바람으로 머리카락을 말려준다.
- 웨이브 헤어일 경우에는 롤 브러시로 빗질하며 드라이한다.
- 스트레이트 헤어일 경우에는 빗살 브러시로 빗질을 해가면서 드라이하도록 한다.

5 블로 드라이 시술 시 중요한 요소

1) 열과 수분

버진헤어는 드라이로 80%까지 말린 후 시술에 임한다. 즉 언제나 20%의 수분이 모발에 유지가 된 상태에서 작업에 임해야 한다(웨이브 퍼머헤어 혹은 건성모발은70%, 지성모발은 90%의 파워드라이한다). 적당한 수분이 있는 상태에서 드라이를 시작하여 드라이를 끝난 후에는 모발 자체의 수분이 10~14%가 남아있어야 한다(수분이 없는 건조한 상태에서 드라이를 하게 되면 건조 후에도 남아 있어야 할 모발 자체의 수분이 건조되므로 모발손상의 원인이 된다).

블로 드라이 스타일링 시 드라이어의 열이 지나칠 경우, 모발의 수분량이 과도하게 소비되어 모발이 거칠어지게 되고 윤기를 잃기 쉽다(드라이 시작 시 전두부 부분은 빨리 말고 시술에 들어가더라도 네이프 부분을 드라이하는 동안 자연 건조되기 때문에 수분조절이 가능하다).

2) 각도

드라이와 롤의 각도로 모발 모근 부분의 볼륨, 중간 부분의 흐름, 모발 끝의 방향을 디자인으로 컨트롤한다.

3) 위치

위치는 두상이 둥근모양이기 때문에 머리는 방사(원형상태)로 되어 있어 조금씩 원형으로 돌며 시술하여, 일치된 방방에만 텐션이 가해지는 것을 막아 골고루 텐션이 분배될 수 있게 한다.

4) 회전

회전은 텐션과 많은 관계를 가지고 있으며 , 첫째 회전은 많은 볼륨을 표현하고, 둘째 회전은 컬의 각을 만들며, 셋째 회전은 선은 흐름을 이어주는 역할을 한다.

5) 텐션

드라이에 있어 가장 많은 부분을 차지하고 가장 중요한 부분이다.

롤이 헛돌아서는 아니 되며 피시술자의 두상이 움직이게 해서는 안 된다.

그러기 위해 롤을 쥐는 방법, 힘을 주는 방법, 드라이기를 두상에 데는 각도와 회전의 밀접한 관계를 유지해야 한다. 모발을 윤기 있게 드라이하기 위해서는 항상 롤 브러시를 회전해야 하며 고르게 힘이 들어가야 한다. 롤 브러시 회전 시 모발이 롤에 끼어 잘 빠지지 않을 경우, 롤 브러시를 회전 반대방향으로 반바퀴 풀어서 빼 준 다음 다시 그 부분에서 브러시를 회전시키면서 드라이해 나간다.

6) 핑거위크

마지막 마무리를 자연스럽게 시술하는 테크닉으로 각각의 테크닉에 따른 손가락의 역할이 있다. 스타일에 맞게 10개의 손가락으로 그때그때 상황에 맞는 역할을 반복 작업으로 기억해야 한다.

7) 속도

모발의 흐름을 정리하기 위해 행하는 드라이는 빠르게 진행하는 반면, 모발의 윤기를 내기 위해 행하는 브러시 회전은 천천히 여유 있게 시술한다.

6 블로 드라이 포인트

① 모발의 방향성을 이행한 표현의 연출이다.
② 하드와 소프트의 관계에 대한 대조의 세계이다.
③ 메이크업, 패션과 동일한 헤어스타일의 질감 표현이다.
④ 두피에 대한 업스템, 다운스템이다.
⑤ 전두부(프런트)와 측두부(사이드)의 무게감과 반응하는 관계이다.
⑥ 각 제품용도에 대한 이해를 한 후 스타일을 연출한다.

7 드라이 기법

1) 로테이션 드라이(rotation dry)

손바닥을 사용하여 두피의 위에서 머리카락을 로테이션해가며 드라이어의 열로 볼륨을 만드는 일이다.

2) 스크런치 드라이(scrunch dry)

손으로 모발을 쥐듯이 잡아서 드라이어의 바람을 이용해 볼륨을 만드는 일을 만드는 일이다.

3) 파워 드라이(power dry)

머리를 움직여서 머리 끝까지 말리는 형태이다.

4) 트위스트 드라이(twist dry)

섹션을 뜰 때 트위스트 시켜서 말리며 머리다발을 하나로 묶어서 질감을 내는 방법이다.

5) 라운드 브러시 블로 드라이(round brush brow dry)

머리를 롤브러시로 감아서 머리의 모근에서부터 컬을 만들어 가면서 머리끝까지 형태를 만들어 가는 일이다.

6) 덴멘 블로 드라이(denman brow dry)

덴멘 브러시를 사용해서 모근을 세우고 미끄러지듯이 사용해서 볼륨을 내서 스타일 을 만드는 일이다.

7) 벤트 드라이(vent dry)

벤트 브러시를 사용하여 방향성을 만들고 머리의 모근에 볼륨을 만드는 일이다.

8) 오버 드라이오버 드라이(over dry)란

모발의 수분 함유량은 11~13%가 이상적이다. 수분함유량 10% 이하의 모발을 건조모라고 한다. 모발에 수분이 부족하면 머리가 푸석거리고 깨끗히 정리가 안 된다.

8 블로 드라이 시 사용 기기

1) 드라이기

(1) 잡는 법에 따른 분류

① 손잡이를 쥐는 방법

온도조절 장치를 작동하고 각도 조절과 상하로의 움직임을 용이하게 할 수 있도록 유동성 있게 드라이어의 손잡이를 잡는다. 주로 모발의 건조 시 또는 스타일의 거리 등에 적용된다.

② 노즐을 쥐는 방법

드라이어의 사용이 충분히 익숙해진 후에 사용하여 대상의 높이가 높은 경우 작업이 용이하여 어깨와 손가락에 무리가 적으므로 대부분 선호한다.

(2) 드라이 부속기구

① **노즐** : 드라이 출구에 끼워 열풍이 모아지기 때문에 방향을 변화시키거나 컬의 형태 (볼륨)를 정확하게 강하게 나타낼 수 있다.
바람을 한 곳으로 집중적으로 보낼 수 있어 다른 부위에 영향을 주지 않으면서 효과적으로 스타일을 낼 수 있다.

② **디퓨져** : 모발의 상태를 그대로 유지하고 자연스럽고 풍성한 볼륨을 낼 수 있게 하는 구. 모발전체에 균일한 바람을 넣어주기 때문에 모발표면이 지나치게 건조되거나 흐트러지는 것을 방지할 수 있다.

③ **보디** : 드라이어의 몸통 부위 안쪽에는 열선과 팬이 있어 열과 바람을 낸다.

④ **팬** : 작은 팬으로 모터에 의해 바람을 일으킨다.

⑤ **콘트롤러** : 냉·온풍을 조절한다.

⑥ **핸들 : 드라이어의 손잡이 부분이다.**

- 드라이 머리에 붙이면 : 정전기, 머리 눌리고, 모발 손상이 있을 수 있다.
- 드라이가 머리에서 너무 많이 떨어지면 : 머리카락이 날린다, 열도 좀 약해진다.
- 드라이는 모발에 살짝 1cm 정도 띄운다 : 바람구(노즐)가 내 몸으로 향하게 한다.

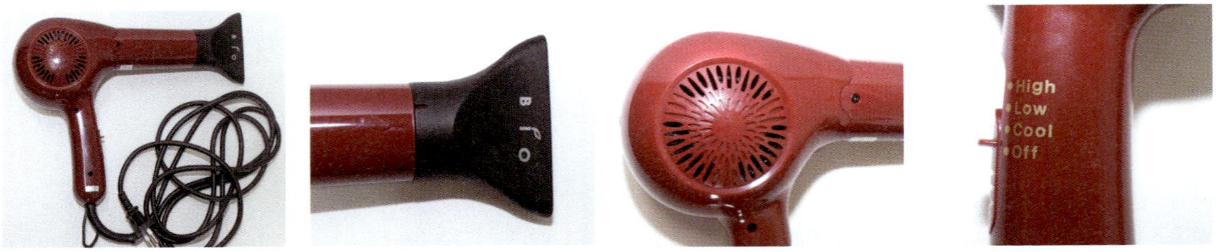

드라이기 노즐 부분 펜 부분 컨트롤러

[그림 5-1] 드라이기 구조

2) 롤 브러시

(1) 롤 종류

① **정리용 브러시**(가시 롤) : 자연스러운 부분을 원할 시-머리흐름에 따라 라인을 만든다.

- 장점

롤 자체가 성글기 때문에 섹션을 많이 잡을 수 있으며, 시술시간을 단축시킬 수 있다, 웨이브 펌이나 스트레이트 퍼머 마무리 시 웨이브에 크게 영향을 주지 않으며 자연스러운 마무리 할 수 있다.

- 단점

- 롤이 성글기 때문에 정교한 스타일을 낼 수가 없다.
- 텐션이 약하다
- 곱슬, 웨이브 펴기가 힘들다.
- 윤기가 나지 않으면 장시간 사용 시 모발에 정전기가 일어날 수 있다.
- 잘 엉키기 때문에 긴 머리에 컬을 형성하기는 쉽지 않다.

② **롤 브러시**(돈모) : 텐션을 준다. 펴기에 사용한다(곱슬머리 펴기가 쉽다).

- 장점

- 스트레이트 스타일에 적합하다.
- 모가 촘촘하여 치밀하게 모발을 펴 주기 때문에 매끈하고 윤기가 난다
- 자주 사용하면 길들여져서 거친 질감의 모발이라도 잘 엉키지 않게 긴 머리의 모발을 컬링할 때 정확하게 시술할 수 있다. 장시간 사용하여도 정전기가 일어나지 않는다.

◆ 단점

- 새 롤은 거칠기 때문에 모발에 자국을 내거나 강한 텐션을 줄 수 있으며 길이 들여 지면 모발이 윤기 나며, 매끄럽게 시술된다.
- 롤 자체가 촘촘하여 시술하기가 힘들며 시술시간도 더디고 컬을 만들 때는 와인딩하기 힘들어 고도의 기술이 필요하다. 일단 컬이 형성되면 강하게 컬이 형성되어서 자연스러운 스타일을 원하는 사람에게는 적합하지가 않다.
- 섹션을 많이 못 뜸
- 모발을 잡아 주는 것이 약하다.

③ 돈모와 나일론이 섞인 롤 브러시

롤 자체는 돈모에 가깝게 촘촘하며 길게 삐져나온 모가 나일론이다. 돈모의 단점이 보완되어 컬 형성하기가 쉬우며 초보도 와인딩을 쉽게 할 수 있다. 시간을 단축할 수 있다. 정전기 발생이 억제되어 윤기 있는 마무리 할 수 있다.

④ 금속성 브러시

롤의 몸에 금속이 있어 금속이 열을 받아 들여 드라이 열이 오래도록 지속시켜 시술시간이 단축 컬 형성이 쉽다. 초보는 금속에 너무 많은 열은 가하여 모발손상을 줄 수 있으니깐 주의한다.

⑤ 덴멘 브러시(영국의 덴멘사가 제조한 브러시)

커트라인을 아름답게 정리하는 데 적합, 커트 선을 살려 자연스러운 웨이브 형성에 적합하며 퍼머 모발에 변화를 줄 수 있다. 또 남성커트 후나 자연스러운 스타일을 원할 때 사용된다. 유럽에서 가볍고 내추럴한 머리에 많이 사용(모질이 가볍고 숱이 없다). 요즘스타일에 적합하다(예전에는 머리가 무겁고 강해서 사용이 적합하지 않은).

⑥ 스켈톤 브러시(브러시 형태가 갈비뼈와 같이 몸통에 구멍이 있어 유래한 이름) 모발을 건조하면서 블로 드라이 시 볼륨감을 주며 남성헤어, 쇼트헤어에 사용한다.

[그림 5-2] 가시롤

[그림 5-3] 돈모

[그림 5-4] 가시돈모

[그림 5-5] 금속성브러시

[그림 5-6] 덴멘브러시

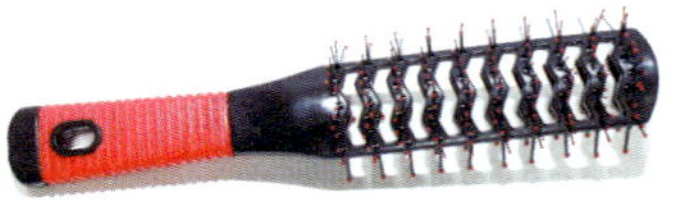

[그림 5-7] 스켈톤브러시

3) 분무기

블로 드라이 시술 시 모발에 물을 분무하기 위해 사용하는 도구이다. 물을 분무하는 이유는 모발의 수소결합을 절단하여 모발의 변형을 쉽게 하기 위함이다.

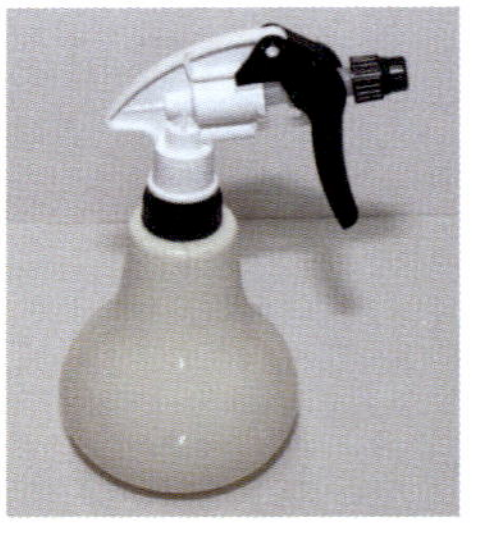

[그림 5-8] 분무기

4) 클립(핀셋)

클립은 두상을 파팅(모발을 파팅) 구분하여 고정시키는 역할을 한다.

[그림 5-9] 클립(핀셋)

9 블로 드라이 시 얼굴형과 디자인

1) 블로 드라이 디자인

(1) 헤어디자인을 만들기 위한 기본원리

① 점

작은 점이 있고 큰 점이 있다.

이 점을 디자인에 접목시키면 같은 디자인의 옷에 단추가 각각 다른 위치에 설정되어 있다면 전혀 틀린 느낌을 받는다. 즉 어떠한 위치에서 점의 바깥면에서 혹은 안쪽면에서 설정함으로써 디자인의 변화가 생긴다.

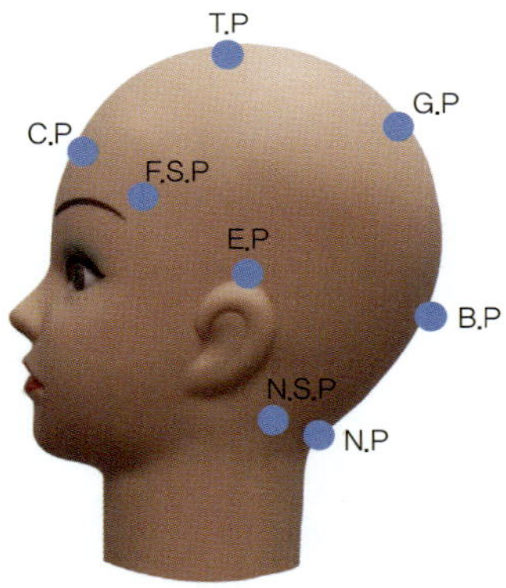

*머리모형의 각 위치의 용어
C.P : 앞머리 좌우t.p : 볼륨, 헤어스타이 전체좌우(인상)
G.P : 가장튀어나온부분(볼륨시작)
B.P : 볼륨끝
N.P : 뒷부분기장
N.S.P : 뒷부분기장
E.P : 머리형의 방향(이사도라. 스파닐엘)
F.S.P : 얼굴앞쪽좌우(T.P 템플)

[그림 5-10] 머리모형의 각 위치의 용어

② 선

◆ 선의 느낌

다양한 선의 느낌을 이해함으로써 전체적으로 혹은 부분적으로 사용해 디자인에 접목시킨다.

- 직선 : 강함, 단순함, 굳건함, 냉정함 등의 느낌을 준다.
- 곡선 : 우아함. 따뜻함, 부드러움, 유동적인 느낌을 준다.
- 직곡선 : 직선과 곡선의 양면성을 가지고 있다.

◆ 선의 방향

- 수평선 : 표면의 감각을 갖추고 있어 안정, 평화, 안식 등의 느낌을 준다.
- 수직선 : 높고 낮음을 표현하며 엄숙함, 영원함, 시원함의 느낌을 준다. 균형에 안정감을 주지 않는 상태, 불안정감과 경쾌감을 준다.

직선(수평, 수직)
곡선, 직곡선

[그림 5-11] 선의 방향

③ 각도

선에서 발전한 것 다음 세 가지로 각의 느낌을 파악한다.

- 직각 : 열림도 닫힘도 없는 중간으로 안정감이 있는 느낌을 준다.
- 예리한 각(예각, 90°이하의 각) : 이 각은 팽창력이 있어서 각을 닫으려는 느낌을 주어 축소시키는 역할을 한다. 판넬(스트랜드)와 거의평행하게 바람 출구를 대고 모발을 정리하면서 스타일을 낸다. 주로 펴기(스트레이트)에 사용한다.
- 둔한 각(둔각, 90°이상 각) : 각의 힘이 바깥쪽으로 닫히는 힘이 감지되어 확대시키는 역할을 한다. 모발 끝을 안쪽으로 말아서 안말음, 바깥말음, 웨이브 연출할 때의 각도이다.

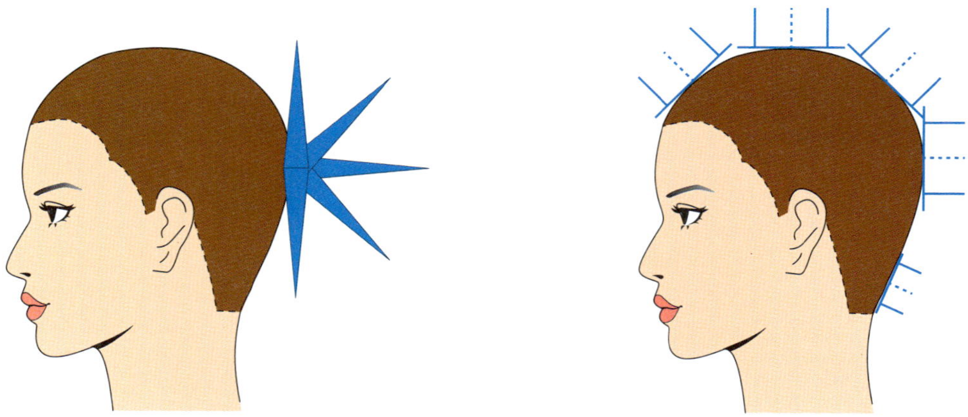
자연각도
두피각도 90°

[그림 5-12] 각도

④ 면

면에서는 직선면, 곡선면, 혼합면이 있고 이 면의 성격도 역시 선의 성격과 비슷한 느낌을 준다.

- 직선면 : 강함, 가벼움, 냉담함 등이 느껴진다.

- 곡선면 : 부드러움, 순한 느낌, 따뜻한 느낌을 준다.
- 혼합면 : 양쪽의 성격을 다 갖추고 있다 넓은 면은 확대시키고 좁은 면은 축소시킨다.

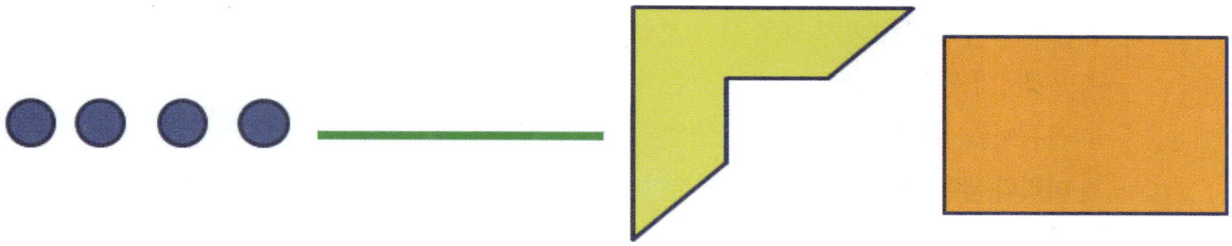

[그림 5-13] 기본원리

⑤ **입체**

입체는 면에서 더욱 더 발전하는 것인데 보는 각도에 따라 그 모양이 극단적으로 흐트려져 보이고 빛하고도 반응해 실루엣을 표현하는 데 있어 아주 필요한 것이다.

- 원형 입체 : 사각형에서 코너를 제거한 개념으로 웨이브가 설정됨으로써 모발이 뒤쪽으로 흐르게 한다(얼굴을 확대시킨다).
- 삼각형 입체 : 사각형에서 삼각선으로 코너를 제거한 개념으로 앞쪽으로 모발을 흐른다(얼굴을 축소시킨다).
- 사각형 입체 : 모든 복잡한 느낌을 중화시키는 안정된 느낌에서 약간의 부드러움을 추가시킨 것이다.

[그림 5-14] 입체

⑥ **드라이와 디자인**

◆ 볼륨의 위치에 따라

- 볼륨의 위치에 따라 사람의 인상이(얼굴) 들어가 보이고 밖으로 튀어나와 보이고 한다.
- 볼륨의 크기에 따라 키가 크고 작아 보인다.
- 측면에서의 볼륨(얼굴형에 변화, 예 : g.p는 턱과 관계)

  ※ 볼륨이란 : 부풀어 오른 느낌(풍만함)
- 긴 머리와 짧은 머리가 조화 있게 연결이 되어야 한다(모발과 모발의 선과 층이 서로 연결되어 있어야 한다).

(2) 블로 드라이 시 얼굴형과 디자인

① **계란형** : 얼굴형을 가리지 않으면서 개성을 살리는 헤어스타일을 한다. 어느 스타일이든 잘 어울리는 형이다.

② **둥근형** : 얼굴형을 가늘고 각지게 보이도록 하며 톱부분을 볼륨을 강조하고 , 이마부분을 약간 드러내고, 사이드 부분에 볼륨을 주지 않는다. 헤어스타일에 따라서 강한 턱선을 부드럽게 하는 방법과 다른 부분을 강조하여 줌으로써 시선을 피하는 방법이 있다.

- 머릿결이 부드럽게 옆으로 흐르도록 하면 온화한 느낌을 주므로 각진 얼굴형을 커버할 수 있다.
- 머리를 턱선의 연장선 위에 가지런하게 손질하면 강한 인상을 주었던 턱선이 자연스러워 보인다.
- 톱 부분을 살려주고 사이드 부분은 가볍게 연출한다.

③ **장방형** : 길이보다는 너비에 더 많은 볼륨을 주어 너비가 더 넓어 보이도록 디자인 형태는 너비를 넓게 하여 타원형이 되도록 연출한다.

- 장방형의 턱뼈를 강조하는 긴 스트레이트 머리는 직선의 앞머리나 가운데 가르마를 피한다.
- 턱에서 끝나는 직선의 단발머리는 이런 정방형의 얼굴에 하기에는 피해야 하는 헤어스타일이다. 층이진 단발머리는 괜찮으나 턱 선 위에 또는 밑에서 끝나야 한다. 약간의 둥그스름한 머리 모양과 머리 윗부분이나 앞에 어느 정도의 높이를 주는 것이 좋다.
- 헤어 라인은 길고 복잡하지 않게 하고 톱 부분에서 이마 윗부분에 이르기까지 작은 컬로 볼륨을 준다.
- 가르마는 사선으로 비대칭 스타일을 한다.
- 이마와 턱선을 좁아 보이게 하기 위해서 부드러운 컬로 각진 모서리 부분을 가려준다.

④ **각진 얼굴** : 길고 가늘며 , 이마와 광대뼈 조금 밑의 넓이가 거의 같다. 매우 좁은 턱이나 매우 높

은 이마를 가지고 있다. 길이와 너비에 거의 같은 볼륨을 주어 각진 부분에 곡선적인 느낌을 주기 위해 디자인하여 타원형에 가깝게 시술한다.

- 네모난 얼굴은 각진 부분에 커트 선을 맞추기보다는 턱선보다 짧거나 길게 해주는 것이 좋다.
- 광대뼈에 신경을 써서 비대칭 스타일은 기본이고, 스타일은 작은 스타일로 얼굴을 갸름하게 보이게 한다.
- 쇼트일 때는 턱선이 뚜렷하게 보이기 때문에 시선이 위쪽으로 가도록 앞머리는 자연스럽게 내린다.
- 얼굴을 가리는 부분은 6:4 정도한다.

⑤ **삼각형** : 턱부분은 안말음으로 연출하고 톱부분에 볼륨을 주거나 웨이브를 연출하여 풍성하게 연출한다.

- 눈에 띄는 턱 선의 균형을 잡는 짧은 머리. 관자놀이 주위에 풍만한 헤어스타일은 턱을 가늘게 보이게 한다. 옆 가르마, 관자놀이 주위에 볼륨감 있고 턱선에서 가늘어지는 헤어스타일이 잘못하면 가리어질 장점들을 살려주어 기대 이상의 효과를 볼 수 있다.
- 머리를 귀 뒤로 넘기면 눈으로 주위를 끌게 되어 눈 주위를 넓게 보이도록 도와줄 것이다.
- 머리 위쪽과 이마 부분까지, 컬이나 볼륨으로 풍부한 느낌이 나게 한다.
- 톱 부분은 볼륨을 주고 목덜미 부분은 시원하게 커트한다.

⑥ **역삼각형** : 원형의 형태와 가로로 넓은 형태를 타원형에 맞도록 연출한다.

- 톱 부분에 볼륨을 적게 하여 넓은 이마와 관자놀이를 커버하고 좁고 경사가 급한 턱을 부드럽게 보이도록 하려면 귀 밑으로 자연스럽게 흐르는 굵은 웨이브로 연출한다.
- 이마를 감추기 위해서는 앞머리를 사선으로 내려준다.

⑦ **마름모형** : 원형의 형태와 세로로 넓은 형태를 얼굴형에 맞도록 복합적으로 연출한다. 좁은 이마와 턱 부분에 볼륨을 주고, 튀어나온 부분을 가려 연출한다.

- 얼굴이 가로로 더 길어 보이지 않도록 하는 것이 중요하다. 관자놀이 주위는 노출시키지 말고 귀밑 부분까지 늘어뜨려서 안쪽으로 말아 주는 것이 좋다. 이때 모발의 길이는 턱 아래로 내려오지 않도록 주의한다.
- 광대뼈의 옆 부분 머리를 부풀려서 가로의 길이를 오히려 강조하는 것도 한 방법이 될 수 있다. 결점이라고 생각되는 부분을 머리를 늘어뜨려서 가리는 것도 좋지만 반대로 옆 부분에 볼륨을 주어 강조함으로서 전체적으로 얼굴이 차지하는 부분을 축소시켜 작아보이도록 한다.

(3) 체형과 헤어 디자인

① **머리 숱이 많고 굵은 모발**

- 쇼트가 가장 적합하다. 롱 헤어로 퍼머를 하고 싶다면 염색을 한 다음 파마를 하면 만족할 수 있는 웨이브를 얻을 수 있다.

② **머리 숱이 적고 가늘고 힘이 없는 모발**

- 층을 많이 내지 않은 보브 스타일이나 뿌리 부분이 살아있는 부드러운 웨이브퍼머가 적합하다.

③ **곱슬머리**

- 쇼트커트가 잘 어울리고 롱 헤어일 때는 어깨보다 길게 하고 길이가 어중간한 세미롱 스타일은 피하고 롱 헤어든, 쇼트헤어든지 분명히 하도록 한다.

④ **목이 짧은 형**

- 옆머리와 뒷머리가 목선으로 내려오지 않도록 귀선 부근에서 마무리하는 커트가 좋다.

⑤ **목이 굵은 형**

- 웨이브 헤어스타일이 대개 잘 어울린다.

⑥ **목이 긴 형**

- 네이프 부분에 헤어의 볼륨을 풍부하게 하는 미디움 길이의 스타일이 어울린다.

⑦ **어깨가 벌어지고 올라간 형**

- 언밸런스 헤어가 좋다.

⑧ **어깨가 처진 형**

- 쇼트나 스트레이트 보브스타일이 좋다.

⑨ **키가 크고 뚱뚱한 형**

- 레이어 커트가 적합하다. 심한 쇼트는 금물

⑩ **키가 크고 마른 형**

- 쇼트, 웨이브 헤어로 여성스러움을 강조하는 스타일이 좋다.

⑪ **키가 작고 뚱뚱한 형**

- 가르마는 옆가르마로, 목 주변에 웨이브 볼륨을 주는 스타일이 좋다.

⑫ 키가 작고 마른 형

- 웨이브 헤어스타일보다는 단정한 단발 커트 스타일이 좋다.

⑬ 얼굴이 큰 사람

- 앞머리를 많이 내리는 층이 많이 나면서 가벼운 커트 스타일이나, 과감히 얼굴을 드러내 놓은 스타일도 좋을 수 있다.

⑭ 주걱턱인 사람

- 턱선 정도의 길이에서 커트선이 정리되는 스타일이 어울린다.

10 블로 드라이 시술 순서

1) 올바른 블로 드라이법

(1) 머리를 감고 수건으로 가볍게 눌러 물기를 제거한다.

수건으로 머리를 감싸 물기를 제거할 때, 오래 있으면 비듬, 가려움증의 원인이 되므로 4~5분 정도로 제거한다. 이때 수건으로 물기를 제거할 때 문질러 닦으면 마찰로 인해 모발이 상할 수 있으므로 주의한다.

(2) 엉킨 머리카락을 빗질로 잘 정리 정돈한다.

물리적인 힘으로 강하게 빗질하지는 말아야 한다, 수분이 있어 모발이 더 잘 늘어나기 때문이다.

(3) 모발 손상이 심한 모발은 미리 모발 보호제품을 도포한 후에 모발을 드라이 한다.

(4) 블로 드라이 시 일반적으로 두피쪽(모근) 부분부터 드라이한다.

두상과 드라이어와의 간격은 15~20cm 정도가 적당하며 약간 젖은 상태에서 드라이한다. 드라이 시 한쪽에 집중적으로 바람을 주지 않는다. 왜냐하면 뜨거운 열과 수분 때문에 두상에 화상을 입거나 모발이 손상될 경우가 있다.

(5) 모발과의 간격 두기

전체적으로 모발을 어느 정도 말린 후에 블로 드라이로 스타일을 연출할 때는 모발을 보호하기 위해 드라이기를 모발과 약 1~5cm 간격을 두고 하도록 한다.

(6) 전체적으로 두상 파팅을 4~5 등분 한다.

(7) 파팅 후 블로 드라이로 스타일 연출 시 다음의 단계로 진행한다.

① **모발의 방향**(모류) **정리** : 사람마다 모발은 두피각도 90˚로 나지 않았고, 또한 스타일에 따라 모발의 방향을 바꿔줘야 한다. 이때 원하는 스타일을 위해 모류의 방향을 교정해야 한다.
② **뿌리 살리기**(볼륨형성) : 스타일에 따라 전두부, 두정부의 모발의 뿌리에 볼륨을 준다.
③ 모발을 모근에서 모근방향으로 내려오면서 원하는 스타일 예를 들어 스트레이트, C컬, S컬의 스타일을 연출한다.
④ 모근까지 전체적으로 원하는 스타일로 연출한다.
⑤ 마지막으로 정리 정돈을 하고, 헤어스타일링 제품을 도포하여 마무리 한다.

2) 손상된 모발에 따른 블로 드라이 사용법

버진헤어와 달리 퍼머와 염색, 컬러링의 헤어 시술에 의해 모발이 손상된다. 모발이 손상 정도에 따라 드라이 시술이 잘 될 수도 있고, 그렇지 않을 수 있다.

(1) 퍼머, 염색에 의핸 손상된 모발

퍼머넌트 시술은 모발의 시스틴 결합을 전달하는 과정에서 모발의 구성 성분과 수분이 빠져 나오게 된다. 따라서 유·수분을 보충해 주는 드라이 전용 헤어 컨디셔너를 바르고 가볍게 두피 마사지를 한 뒤 물로 헹구어 주는 타입을 사용하거나, 분무하여 드라이 하는 헤어 컨디셔너를 사용한다.

(2) 굵고 단단한 모발

굵고 단단한 모발은 근본적으로 모발 상태는 바꾸기가 쉽지 않다. 이런 모발은 블로 드라이 시 좀 더 열을 주는 시간을 오래하거나, 강한 열로 스타일을 연출하는 아이론을 사용하는 것이 편하다.

(3) 모발 끝이 갈라지고 끊어지는 머리

화학적 시술과 블로 드라이를 자주 하면 모발이 손상되어 모발 끝이 끊어지거나 갈라진다. 이럴 때는 모발 끝을 커트하거나, 모발 트리트먼트제를 모발에 도포한 후에 블로 드라이한다.

(4) 가늘고 힘이 없는 연모

모발이 약한 부드러운 연모 또한 드라이가 쉽게 연출되지 않을 수 있다. 드라이 시 조금 시술을 빨리 하거나, 손상을 방지하기 위해 모발 컨디셔너를 도포한다.

(5) 곱슬머리(축모)

곱슬머리는 부스스하게 일어나거나 머리끝이 잘 뻗친다. 드라이 연출 시 가장 힘든 모발이다. 선천적 축모를 교정하는 방법은 매직스트레이트가 가장 좋은데, 일시적으로 펴기를 하려면 드라이보다는 매직기를 이용하는 것이 시술하기에 용이하다.

11 블로 드라이 시 주의사항

1) 블로 드라이 시 주의 사항

(1) 드라이어의 송풍구와 브러시는 약 1cm 정도 거리를 두고 온풍으로만 스타일링 한다. 송구로 브러시 위에 놓인 모발을 직접 누르며 시술할 경우 불필요한 텐션 및 직접적인 가열에 의해 모피층의 손상을 초래할 위험이 높다.

(2) 슬라이스 폭은 2~3cm를 뜨고 가로의 폭은 브러시의 폭보다 비슷하거나 약간 좁게 뜬다.

(3) 드라이어의 열에 의해 모발이 연화되어 있는 상태이므로 불필요한 브러시 회전은 삼가고 정확하고 큰 원운동을 유지한다.

(4) 모발의 끝 쪽은 특성상 텐션이 잘 주어지지 않는 곳이므로 수회 반복하여 드라이해야 하며 이때 모표피의 손상도를 꼭 체크하여야 한다.

(5) 모근 쪽의 드라이 시 스타일 구성에 필요한 볼륨을 감안하여 브러시의 접근 각도를 설정한다.

- 90도

  가장 기본적이고 편안한 볼륨을 줄 때 주로 사용된다. 골든 포인트(golden point)와 백 포인트(back point) 사이의 드라이 시 사용될 수 있다.

- 120도

  뿌리 쪽의 볼륨을 가장 많이 줄 수 있는 각도이다. 두상이 유난히 다운되거나 머리숱이 적은 부분의 볼륨을 줄 때 용이하며 주로 톱 포인트(top point)와 골든 포인트 사이에서 많이 사용된다.

- 45도

  뿌리 쪽의 볼륨이 불필요한 부분이나 머리숱이 많아 지나치게 많은 볼륨을 다운시킬 때 사용된다. 네이프 부분에 주로 사용될 수 있다.

(6) 모발이 가늘어서 잘 안서는 머리

며칠 동안 머리를 감지 않은 경우 : 머리가 가라앉는다. 유분이 있어(열이 잘 흡수가 안된다.) 알칼리 샴푸로 세척 또 드라이 시 유분이 타서 연기가 난다. 린스를 많이 하지 않는다.

(7) 모발이 숱이 적고 얇다.

- 섹션을 좀 많이 떠야 한다
- 섹션을 작게 뜨면 받쳐 주는 양이 적어서 힘이 없어 빨리 가라앉는다.
- 섹션을 많이 뜨면 많은 양이 힘을 주어 모발과 모발이 어우러져서 볼륨이 좀 더 산다.

(8) 모근의 방향이 올바른지 않으면 스타일이 나올 수가 없다

대개 사람들의 모근 방향이 누워서 나거나 제각각이어서 드라이하기 전에 먼저 모근의 방향을 잡아야 한다. 그 다음에 스타일을 낸다. 짧은 커트가 영향 많이 받는다. 긴 머리는 영향 많이 받지 않는다.

2) 블로 드라이 스타일링 시 기타 주의 사항

(1) 모발에 때나 먼지, 기름기가 많은 모발, 린스나 트리트먼트제의 세척이 덜된 모발은 샴푸 후 스타일링에 들어간다.

(2) 블로 드라이 스타일링 시술 시에는 모발의 질에 따라 적당한 수분이 있는 상태에서 시작하여 드라이가 끝난 후에도 모발 자체의 수분 어느 정도(10~15%) 남아 있어야 한다.

(3) 드라이어 열풍의 방향은 항상 시술자를 향하도록 하며, 고객의 두피에 열풍이 가지 않도록 주의한다.

HAIR
BEAUTY
ART
THEORY

제6장

아이론

1 헤어 아이론

아이론이라는 명칭이 사용된 것은 1880년 프랑스 파리에서 미용 견습생인 마르셀 그라토(Marcel Grateau)가 그의 어머니에게 자연스러운 웨이브의 헤어스타일을 연출하기 위해 새로운 미용 기구인 헤어 아이론을 개발하였는데, 철을 소재로 한 둥글게 홈이 파인 자루와 그 자루를 감싸주는 또 하나의 자루를 만들어 불에 달구어 사용하여 유래되었다.

그리고 이 기구를 자신이 개업한 미용실에서 사용함으로써 전 세계에 알려졌으며, 제이 하딩이라는 여배우가 헤어 아이론을 이용한 새로운 헤어스타일을 널리 알렸으며 웨이브의 지속시간이 3주 정도였다고 한다.

우리나라는 핸드 드라이어의 도입 이전인 1970년대 후반까지 미용실에서 주로 재래식 헤어 아이론인 마르셀(marcel)과 컬(curl)로 헤어스타일을 연출하였다. 1990년대 후반에 열을 이용한 스트레이트 펌(일명 매직 스트레이트)이 유행하면서 전기식 아이론인 플랫 아이론의 사용이 유행하게 되었다. 그 이후 전기식 아이론 기기를 이용한 헤어스타일링이 급속하게 확산되면서 굵기가 다양한 컬링 아이론과 넓이가 다양한 플랫 아이론이 빠르게 보급되었다. 현재 일시적 헤어스타일링 연출은 아이론 기기를 이용하는 경우와 드라이기를 이용한 블로 드라이가 함께 공존하고 있다. 지금은 편리한 전기 아이론(electronic iron)이 개발되어 일정한 온도를 유지하며 사용할 수 있게 되었다.

1) 아이론 원리

아이론의 온도는 120°~140°가 적당하며, 시술자의 테크닉과 모발상태에 따라 온도를 다르게 하여 시술하기도 한다. 대개 모발을 말린 다음에 스타일을 낸다. 높은 열에 의해 모발의 변성이 일어나 모발의 형태를 바꿔 스타일은 낸다.

2) 아이론 시술 시 중요한 요소

(1) 열

아이론의 열은 모발의 스타일 연출에 있어 아주 중요한 요소이다. 아이론의 온도는 일반적으로 120°~140°가 적당하며 경우에 따라 온도를 조절하여 스타일 시술을 한다.

(2) 각도

아이론과 롤의 각도로 모발과 모근 부분의 볼륨, 중간 부분의 흐름, 모발 끝의 방향을 디자인으로 컨트롤 한다.

(3) 위치

위치는 두상이 둥글고 머리는 방사(원형상태)로 되어 있어 조금씩 원형으로 돌며 시술하여, 한 방향에만 텐션이 가해지는 것을 막아 골고루 텐션이 분배될 수 있게 한다.

(4) 회전

블로 드라이와 만찬가지로 회전은 텐션과 많은 관계를 가지고 있으며, 첫째 회전은 많은 볼륨을 표현하고, 둘째 회전은 컬의 각을 만들며, 셋째 회전은 선의 흐름을 이어주는 역할을 한다.

(5) 텐션

플랫 아이론 사용 시 텐션을 너무 주면 모발이 늘어나는 경우가 있다. 이는 곧 모발의 손상을 야기하기도 한다.

(6) 시술 속도

고온을 이용하기 때문에 속도는 시술 속도를 모발이 손상되지 않는 범위에서 속도를 가한다.

3) 아이론 종류

(1) 컬링 아이론

① **전통적인 스로브 아이론** : 기구를 직접 불 위에 올려놓는 것이다.

② **전열 헤어 아이론** : 전기나 가스로 인해 자동으로 전열이 된다.

- 컬링 아이론 장점
  - 긴 모발과 짧은 모발 : 뿌리까지 볼륨 줄 때 사용한다.
  - 모발의 양이 적은 사람 : 웨이브를 만들 때 사용한다.
  - 제품을 사용하지 않아도 스타일 연출이 가능하다.
- 컬링 아이론 단점
  - 초보자인 경우 온도조절이 어려우며, 잡는 법과 작동방법에 많은 시간이 소요된다.

(2) 매직 아이론

① **스트레이트**(판넬이 넓은 모양) : 긴 모발을 펼 때 사용한다.

② **볼륨 매직기**(둥근 모양) : 볼륨과 웨이브 컬을 만들 때 사용한다.

③ **플랫 아이론**(집게 아이론) : 여러 가지 기구 모양으로 되어 있어 다양한 형태를 연출할 수 있다.

- 장점 : 자동으로 온도조절이 되므로 초보자가 사용하기에 편리하다.
- 단점 : 짧은 모발에 볼륨을 주거나 버진 헤어에 강한 웨이브 연출하기가 어렵다.

◆ 매직 온도의 적당한 사용방법

- 건강 모발 : 170°~180°C 사용하되 기술이 필요하며 동작이 빨라야 한다.
- 보통 모발 : 150°~160°C로 온도를 유지한다.
- 손상된 모발 : 130°~140°C로 온도를 유지한다.

◆ 아이론을 사용할 때는 손상된 모발, 염색, 탈색, 백모 등에 따라 온도를 조절하여 사용한다.

◆ 건조된 모발에 300°C 정도의 열을 가하면 분해되고 130°~150°C 이상에서는 모발 변색이 시작된다. 습한 모발은 70°C 이상에서 변성이 나타난다.

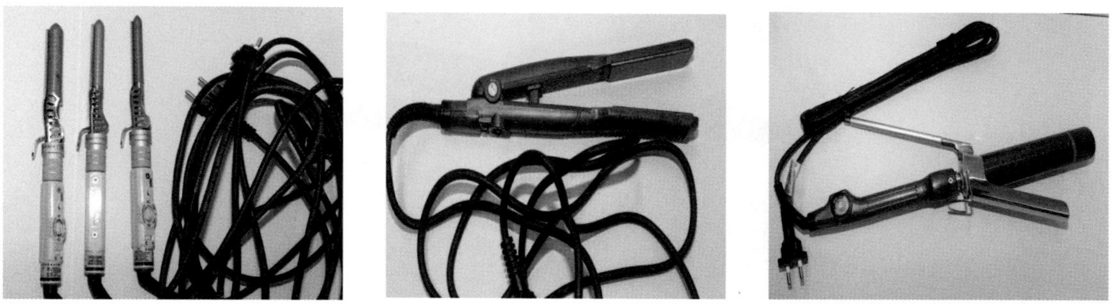

컬링 아이론   플랫 아이론   직경이 굵은 컬링아이론

[그림 6-1] 아이론 종류

2 아이론 도구

1) 아이론 구조

(1) 그루브(groove)

홈이 파여 있는 부분으로 프롱이 모발을 들어 올려 볼륨과 웨이브를 만든다.

(2) 프롱(prong)

쇠막대기 모양으로 된 프롱이 그루브와 함께 형태를 변화시킨다.

(3) 손잡이

그루브와 프롱이 연결되어 있는 부분이다.

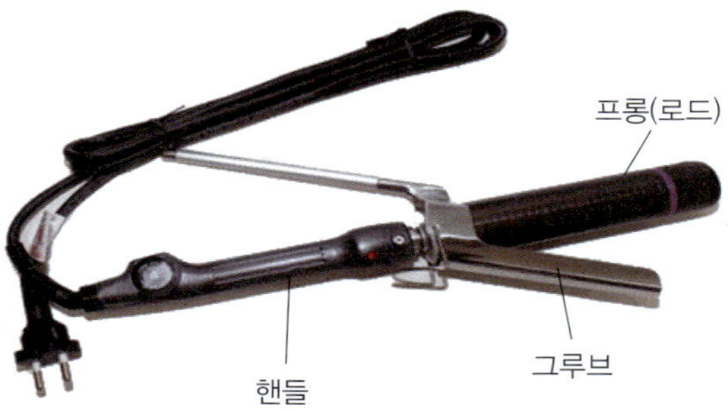

[그림 6-2] 아이론 구조

2) 빗

아이론 시술 시 웨이브 형성, 섹션을 나눌 때 사용하는 빗이다.

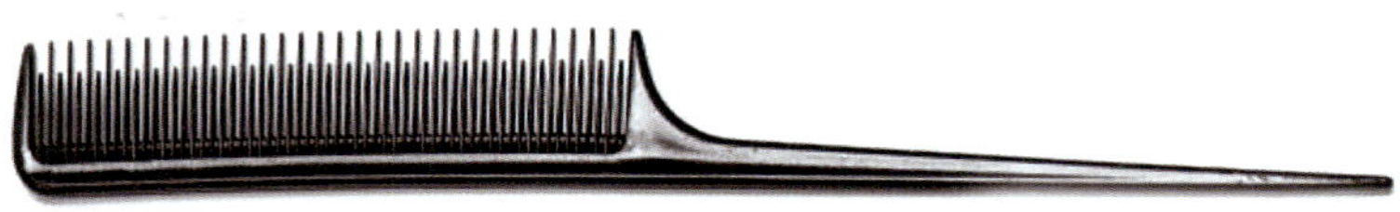

[그림 6-3] 빗

3) 클립(핀셋)

클립은 두상을 파팅하여 모발을 파팅 구분하여 고정시키는 역할을 한다.

[그림 6-4] 클립(핀셋)

❸ 아이론 시술 순서

1) 올바른 아이론 시술법

(1) 머리를 감고 수건으로 가볍게 눌러 물기를 완전히 제거한다.

수건으로 머리를 감싸 물기를 제거할 때, 오래 있으면 비듬, 가려움증의 원인이 되므로 4~5분 정도로 제거한다. 이때 수건으로 물기를 제거할 때 문질러 닦으면 마찰로 인해 모발이 상할 수 있으므로 주의한다.

(2) 엉킨 머리카락을 빗질로 잘 정리 정돈한다.

물리적인 힘으로 강하게 빗질하지는 말아야 한다, 수분이 있어 모발이 더 잘 늘어나기 때문이다.

(3) 모발 손상이 심한 모발은 미리 모발 보호제품을 도포한 후에 모발을 아이론 한다.

(4) 아이론 시 스타일에 따라 아이론을 선택한다.

(5) 전체적으로 두상 파팅을 4~5 등분한다.

(6) 파팅 후 아이론으로 스타일 연출 시 다음의 단계로 진행한다.

① **모발의 방향**(모류) **정리** : 사람마다 모발은 두피각도 90°로 나지 않았고, 또한 스타일에 따라 모발의 방향을 바꿔줘야 한다. 이때 원하는 스타일을 위해 모류의 방향을 교정해야 한다.
* 드라이로 모류를 미리 정리할 수도 있다.

② **뿌리 살리기**(볼륨형성) : 스타일에 따라 전두부, 두정부의 모발의 뿌리에 볼륨을 준다.

③ 모발을 모근에서 모근방향으로 내려오면서 원하는 스타일 예를 들어 스트레이트, C컬, S컬의 스타일을 연출한다.

④ 모근까지 전체적으로 원하는 스타일로 연출한다.

⑤ 마지막으로 정리 정돈을 하고, 헤어스타일링 제품을 도포하여 마무리한다.

4 아이론 시술 시 주의사항

① 아이론은 높은 열을 사용하기 때문에 모발 손상에 주의해야 한다.

② 높은 열에 의한 고객의 화상에 주의해야 한다.

③ 아이론 시술 시 모발이 젖어 있으면 안 된다.

④ 모발을 가지런히 정리 후에 한다(백코밍 있으면 안 된다).

⑤ 모발화장품이 모발에 묻어 있으면 안 된다(제품이 탄다).

5 아이론 시술 기법

1) 모류정리

모류정리는 아이론으로 시술하기 힘들면 드라이로 모류를 정리한다. 모류를 정리하면 모근부분의 형이 오래 유지된다.

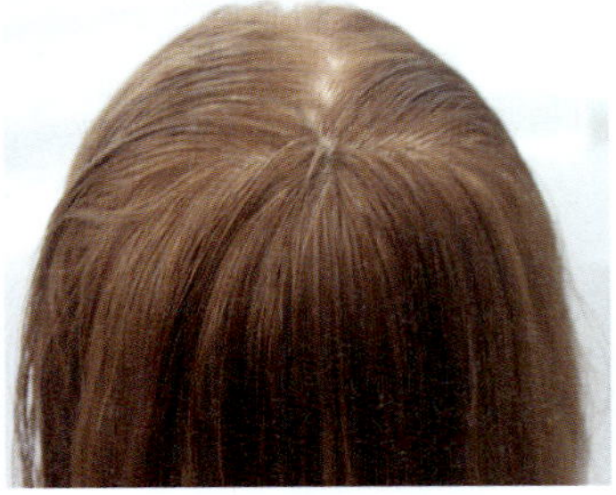
1. 뿌리를 잡기 전 모습이다.

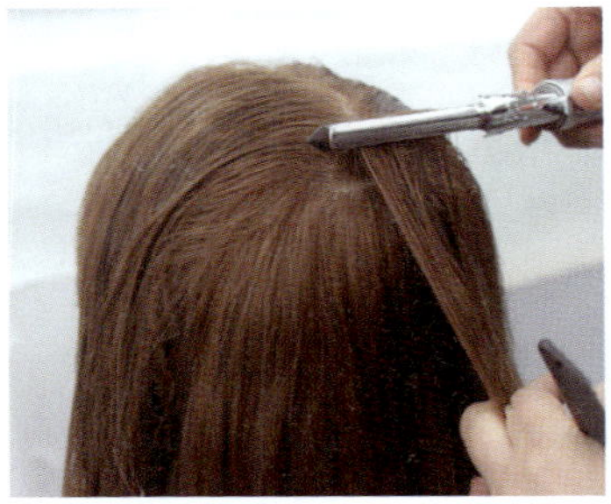
2. 갈라진 부분을 한 섹션으로 잡고 모은 다음 아이론을 한다.

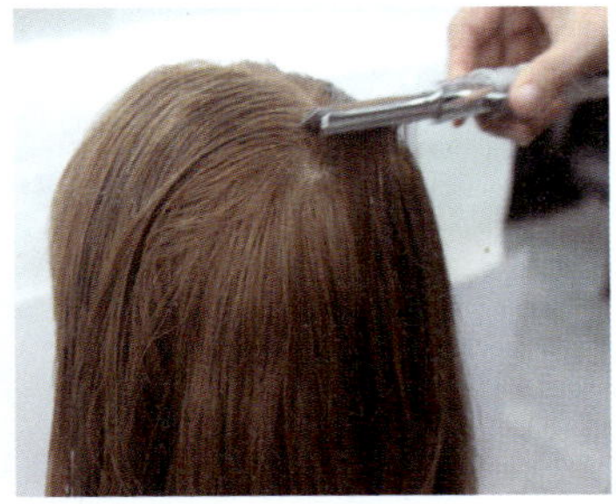
3. 아이론은 120도로 하는 것이 좋다.

2) 뿌리 살리기(볼륨주기)

(1) 최대볼륨(135°)

① 수평 섹션 폭은 1~1.5cm 나뉜다.
② 아이론을 두피 가까이에 댄다.
③ 반대 방향으로 밀면서 C컬을 만들면서 볼륨을 준다.

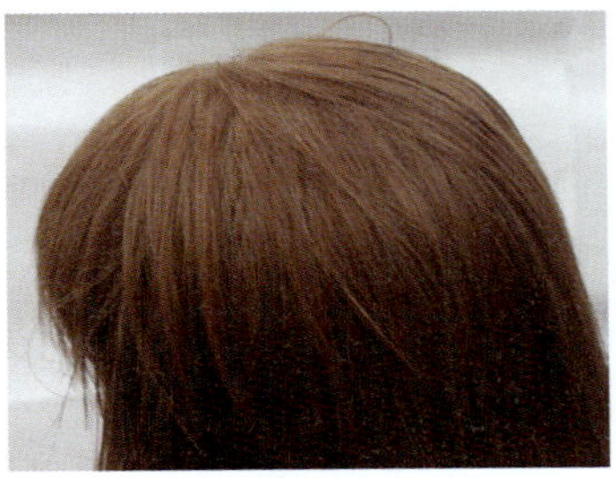
뿌리 볼륨을 주기 전 모습이다.

2. 뿌리 볼륨은 120도로 각을 잡는다.

3. 섹션은 아이론의 지름만큼 뜨고 뿌리에 아이론을 가져다 댄다.

4. 프롱을 앞쪽으로 향하여 잡는다.

5. 1~2cm 나오면서 프롱을 뒤쪽으로 한다.

6. 뿌리가 살아난 모습이다.

3) 펴기(스트레이트)

웨이브를 주지 않고 모발을 직모로 펴주는 테크닉으로 긴 모발에 윤기를 주고 짧은 모발에 볼륨을 주면서 스타일을 낸다.

① 파팅을 4~5등분한다.
② 네이프 부분부터 2~3cm 수평 섹션을 나눈다.
③ 두상에서 90˚모근부터 2~3회 모선 방향으로 진행한다.
④ 모발길이의 절반까지 각도를 유지한다(꼬리빗 : 모발의 흔들림 최소화).
⑤ 각도를 서서히 다운시켜 모발 끝까지 천천히 내린다.
⑥ 차례로 사이드 부분을 시술한다.

1. 완성된 스트레이트의 모습

2. 완성된 스트레이트의 모습

4) 안말음(인컬)

① 파팅을 4~5등분한다.
② 네이프 부분부터 2~3cm 수평 섹션을 나뉜다.
③ 모근쪽에서 모발의 볼륨감과 방향성 설정 한다.
④ 모발의 각도 유지하여 아이론 90˚회전하여 훑어준다.
⑤ 모선 끝쪽으로 아이론 회전하여 빗 꼬리로 디자인된 컬을 잡아 조심스럽게 내려놓는다.
⑥ 네이프 - 사이드 부분 순으로 진행한다.

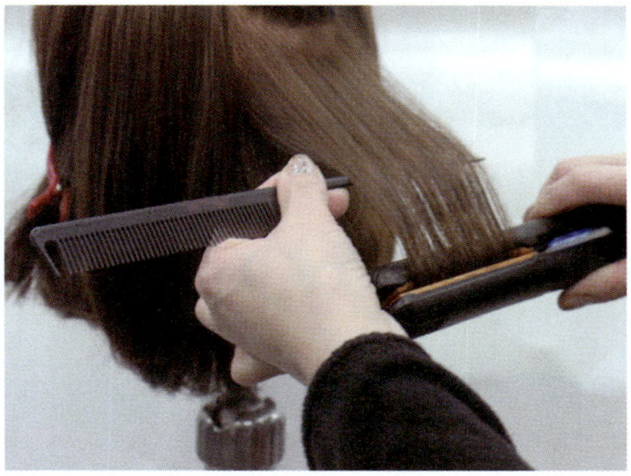

1 회전시킨 아이론을 모발 끝까지 내린다.

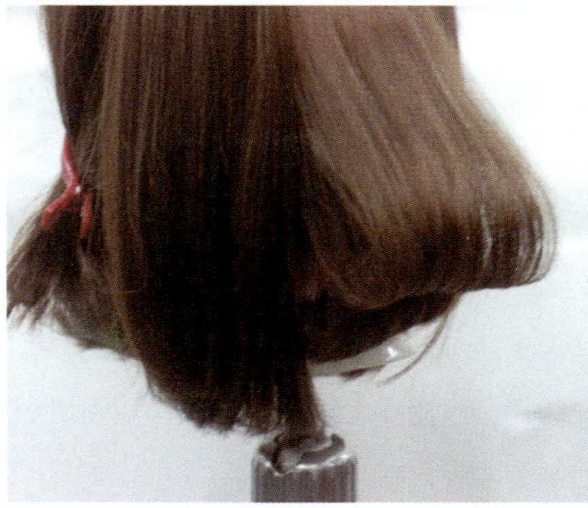

2 완성된 안말음의 모습

5) 바깥말음(아웃컬)

처음부터 슬라이스를 떠서 두피에서 1~2㎝ 띄우고 곱게 2~3회 편다.

① 파팅을 4~5등분한다.

② 네이프 부분부터 2~3cm 수평 섹션을 나뉜다.

③ 모근쪽에 볼륨감을 주면서 가볍게 훑어 준다.

④ 모발의 시술각을 낮추고 디자인 위치를 설정한다.

⑤ 아이론 디자인 위치에서 바깥방향을 향해 내려온다.

⑥ 열 식히고 빗을 조심스럽게 분리한다.

⑦ 네이프 - 사이드 부분순으로 진행한다.

1. 회전한 아이론을 뜸을 들이면서 모발 끝까지 내려온다.

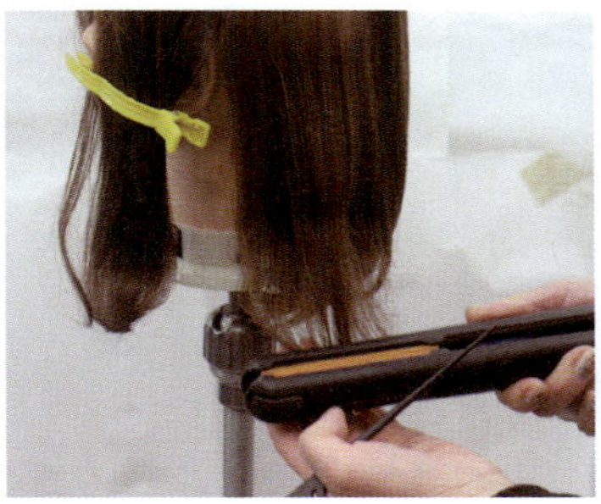

2. 모발 끝이 구겨지지 않도록 주의한다.

3. 완성된 바깥말음의 모습

6) 플랫아이론을 이용한 웨이브

(1) 수평섹션 크로키놀식 와인딩 웨이브

① 우선 스트레이트(펴기)로 가볍게 결정리를 한 후 파팅을 4~5등분한다.
② 네이프 부분부터 2~3cm 수직섹션을 나뉜다.
③ 90°로 각도 들어 스트레이트로 결 정리한다.
④ 웨이브 잡을 위치에 아이론 위치하여 모발 아이론에 한 바퀴 감고 아이론을 360°회전(아이론 사이에서 모발 나올 수 있도록)한다.
⑤ 그 상태 그대로 일자로 쭉 분리한다.
⑥ 네이프 - 사이드 부분 순으로 반복 방법으로 진행한다.

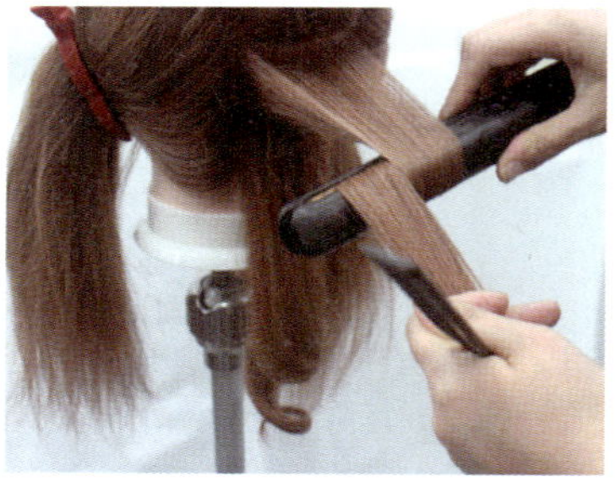
1. 한 바퀴 돌린 아이론을 뜸을 들이며 천천히 내려온다.

2. 내려오면서 아이론을 반 바퀴 더 돌려준다.

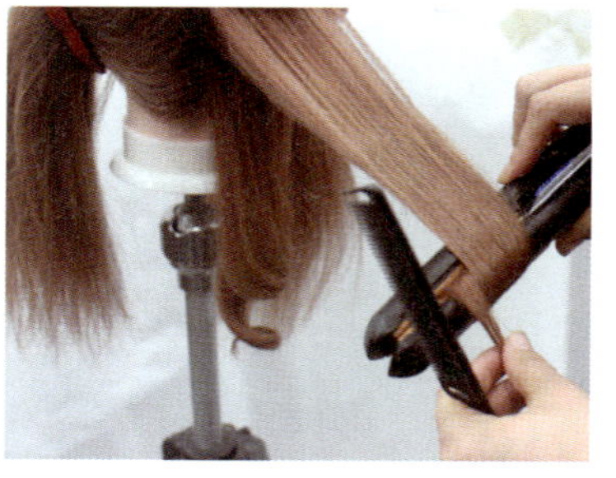
3. 모발 끝이 구겨지지 않도록 끝까지 빗질하여 뜸을 들인다.

(2) 수평섹션 S형 웨이브 하기

① 우선 스트레이트(펴기)로 가볍게 결정리를 한 후 파팅을 4~5등분한다.
② 네이프 부분부터 2~3cm 수평 섹션을 나뉜다.
③ 모발 아이론에 한 바퀴 감아서 천천히 한 개의 C컬 나오는 위치에서 식는 동안 C컬의 흐름을 만든다.
④ 릿지 부위 아이론이 한번 잡아 준다.
⑤ 아이론 넣어 모발 다음 방향으로 빼준다.
⑥ 모발 좌, 우로 빼며 시술한다.
⑦ 네이프 - 사이드 부분 순으로 반복 방법으로 진행한다.

1. 모발 끝까지 펴주는 것이 중요하다.

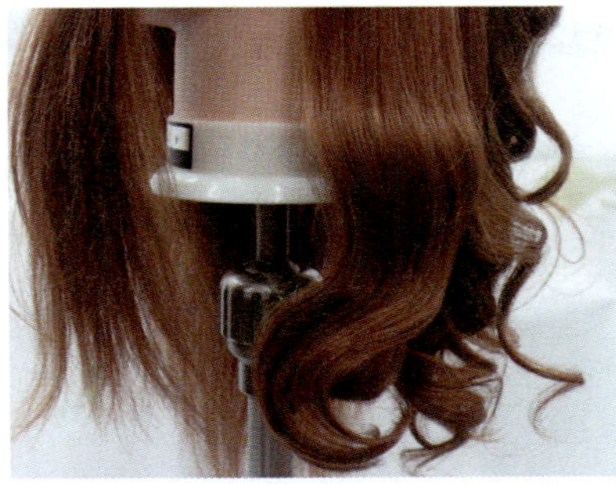

2. 완성된 S형 웨이브의 모습

(3) 물결 웨이브

① 우선 스트레이트(펴기)로 가볍게 결정리를 한 후 파팅을 4~5등분한다.

② 2cm 정도의 폭 네이프부터 시작한다.

③ 전체적으로 미열로 펴준다

④ 모발 길이에 맞춰 시술한 물결의 방향성을 정한다.

⑤ 섹션을 잡고 있는 왼손의 텐션 유지한다.

⑥ 자국이 남지 않게 아이론을 계속 움직여준다.

⑦ 아이론을 안과 밖의 방향으로 교차하여 회전시켜 웨이브를 완성 한다.

- 아이론의 기울기가 웨이브의 깊이를 결정한다.
- Top으로 올라가면서 반대로 시작해 웨이브가 연결되도록 한다.
- 긴 길이의 모발은 밖으로 뻗히는 방향이 어색할 수 있다.
- 두상이 너무 큰사람은 두피 가까이에서 시술하지 않도록 한다.
- 층 없는 모발에 더 예쁘게 표현한다.

1. 모발 끝을 밑단의 웨이브와 방향이 같게 한다.

2. 완성된 물결 웨이브의 모습이다.

(4) Z형 웨이브

① 우선 스트레이트(펴기)로 가볍게 결정리를 한 후 파팅을 4~5등분한다.
② 2cm 정도의 폭 네이프부터 시작한다.
③ 전체적으로 미열로 펴준다.
④ 모발 길이에 맞춰 시술한 물결의 방향성을 정한다.
⑤ 섹션을 잡고 있는 왼손의 텐션을 유지한다.
⑥ 자국이 될 수 있는 한 남지 않게 아이론을 계속 움직여준다
⑦ 아이론을 안과 밖의 방향으로 교차하여 Z형 웨이브를 완성한다.

1.. 왼손으로 잡고 있는 모발은 아이론의 반대쪽으로 잡아당기며 작업한다.

2. 옆 판넬의 웨이브 흐름과 맞추어 준다.

3. 모발 끝까지 하되 아래 판넬 웨이브의 흐름과도 맞춘다.

(5) 응용 웨이브(아웃컬 + 물결웨이브)

① 우선 스트레이트(펴기)로 가볍게 결 정리를 한 후 파팅을 4~5등분한다.
② 2cm 정도의 폭 네이프부터 시작한다.
③ 전체적으로 미열로 다려준다.
④ 모발 길이에 맞춰 시술한 물결의 방향성을 정한다.
⑤ 섹션을 잡고 있는 왼손의 텐션을 유지한다.
⑥ 자국이 남지 않게 아이론 계속 움직여준다.
⑦ 아이론을 안쪽으로 회전시켜 큰 물결 웨이브(C컬)를 완성한다.
⑧ 모선은 아이론을 이용해 바깥으로 모발이 뻗치도록 한다.

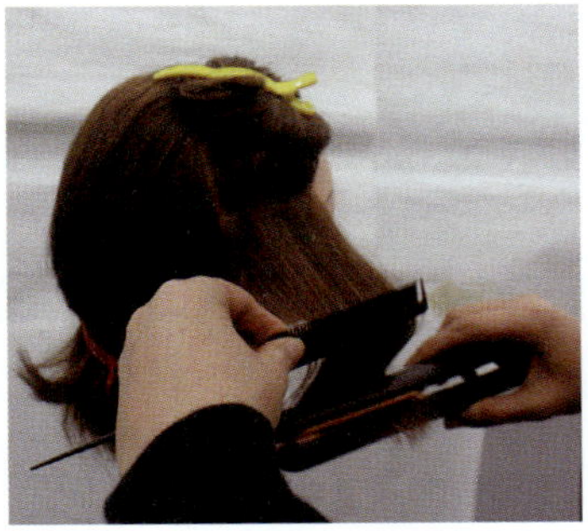

1. 1/4 바퀴 돌리고 90도로 회전 후 뜸을 들이고 반대로 1/4 바퀴 돌린다.

2. 먼저 1/4 바퀴 돌린 부분을 빗으로 잡고 고정시켜 아이론을 안으로 밀면서 바깥으로 뺀다.

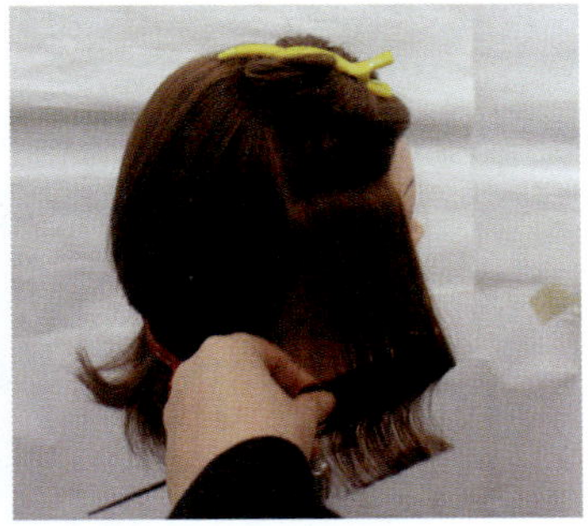

3. 완성된 판넬의 모습이다.

7) 컬링 아이론 웨이브

(1) 수평섹션 스파이럴 와인딩 웨이브

① 우선 스트레이트(펴기)로 가볍게 결정리를 한 후 파팅을 4~5등분한다.

② 2cm 정도의 폭 네이프부터 시작한다.

③ 전체적으로 미열로 다려준다.

④ 모발 길이에 맞춰 시술한 물결의 방향성을 정한다.

⑤ 섹션을 잡고 있는 왼손의 텐션을 유지한다.

⑥ 컬링아이론에 모발을 감는다.

⑦ 일정시간이 지난 뒤 와인딩한 모발을 풀어서 스타일을 만든다.

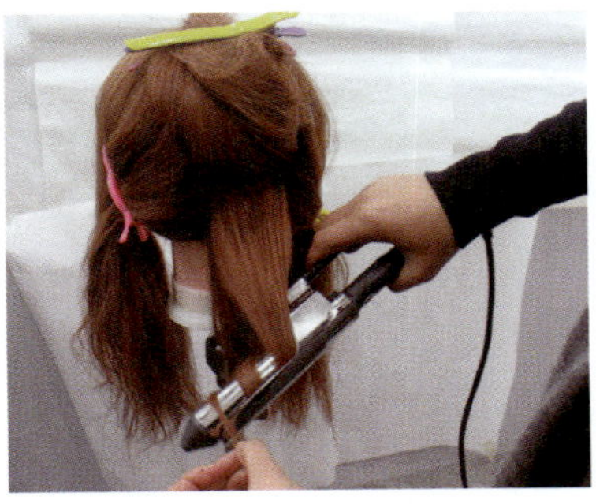

1. 아이론을 돌리면서 모발 끝이 구겨지지 않도록 열을 준다.

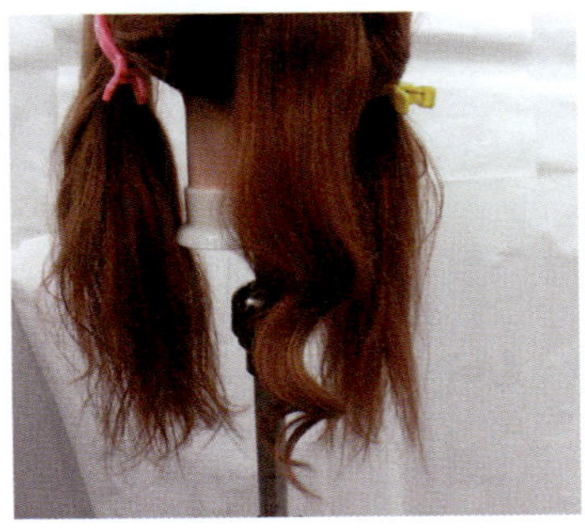

2. 완성된 웨이브의 모습이다.

(2) 수평섹션 S형 웨이브 하기

① 우선 스트레이트(펴기)로 가볍게 결정리를 한 후 파팅을 4~5등분한다.
② 네이프 부분부터 2~3cm 수평 섹션을 나뉜다.
③ 모발 아이론에 한 바퀴 감아서 천천히 한 개의 C컬 나오는 위치에서 식는 동안 C컬의 흐름을 만든다.
④ 릿지 부위 아이론이 한번 잡아 준다.
⑤ 컬링아이론을 넣어 모발 다음 방향으로 빼준다.
⑥ 모발 좌, 우로 빼면서 시술한다.
⑦ 네이프 - 사이드 부분 순으로 반복 방법으로 진행한다.

1. 살짝 모발 정리한다.

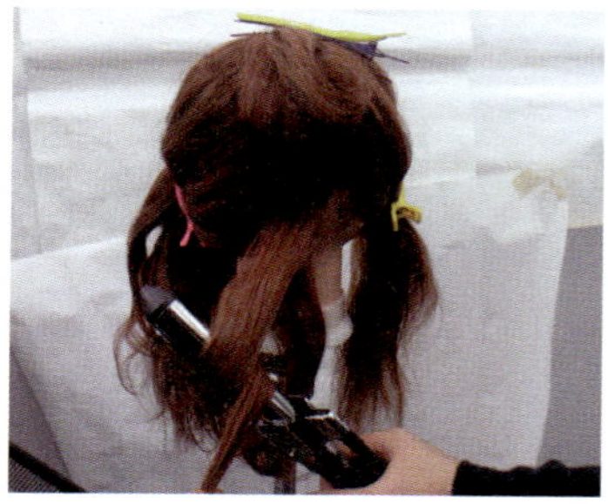
2. 원하는 웨이브의 높이에서 한 바퀴 감고 내려오면서 반대 방향으로 감는다.

3. 완성된 S웨이브의 모습이다. 웨이브의 흐름이 전 판넬과 같도록 주의한다.

(3) 수평섹션 스파이럴 웨이브

① 우선 스트레이트(펴기)로 가볍게 머릿결 정리를 한 후 파팅을 4~5등분한다.
② 네이프 부분부터 2~3cm 수평 섹션을 나뉜다.
③ 모발 아이론에 한 바퀴 감아서 천천히 한 개의 C컬 나오는 위치에서 식는 동안 C컬의 흐름을 만든다.
④ 릿지 부위 아이론이 한번 잡아 준다.
⑤ 컬링아이론 넣어 모발 다음 방향으로 빼준다.
⑥ 모발을 다시 빼면서 컬을 잡고 다시 감아준다.
⑦ 반복한다.

1. 끝까지 반복하되 텐션은 너무 잡아당기지 않도록 한다.

2. 완성된 수평섹션 스파이럴 웨이브의 모습이다.

(4) 수평 섹션 크로키놀식 와인딩 웨이브

① 우선 스트레이트(펴기)로 가볍게 결정리를 한 후 파팅을 4~5등분한다.

② 네이프 부분부터 2~3cm 수직섹션을 나뉜다.

③ 90°로 각도 들어 스트레이트로 결 정리한다.

④ 웨이브 잡을 위치에 아이론 위치하여 모발 아이론에 한 바퀴 감고 아이론 360°회전(아이론 사이에서 모발 나올 수 있도록)한다.

⑤ 그 상태 그대로 일자로 쭉 분리한다.

⑥ 네이프 - 사이드 부분 순으로 반복 방법으로 진행한다.

1. 뜸을 들이면서 천천히 밑으로 내려온다.

2. 모발 끝까지 아이론에 모발이 감길 수 있도록 한다.

3. 완성된 모습이다.

(5) 방향에 따른 웨이브

A. 리버스 방향 웨이브

① 옆머리 섹션을 나눈다.

② 90˚로 각도를 들어 스트레이트로 결 정리를 한다.

③ 모발이 아이론의 바깥 방향으로 와인딩한다.

④ 웨이브 잡을 위치에 아이론을 위치하여 모발 아이론에 한 바퀴 감고 아이론을 360˚회전한다.

⑤ 그 상태 그대로 일자로 쭉 분리한다.

⑥ 같은 방법으로 시술한다.

1. 뜸을 들이면서 내려오되 아이론을 웨이브의 방향으로 회전한다.

2. 모발 끝까지 뜸을 들이면서 내려온다.

3. 완성된 리버스 방향 웨이브의 모습이다.

B. 포워드 방향 웨이브

① 옆머리 섹션을 나눈다.

② 90˚로 각도 들어 스트레이트로 결 정리 한다.

③ 모발이 아이론의 안쪽 방향으로 와인딩한다.

④ 웨이브 잡을 위치에 아이론을 위치하여 모발 아이론에 한 바퀴 감고 아이론을 360˚회전한다.

⑤ 그 상태 그대로 일자로 쭉 분리한다.

⑥ 같은 방법으로 시술한다.

1. 완성된 모습이다.

2. 완성된 리버스 포워드 모습이다.

HAIR
BEAUTY
ART
THEORY

제7장

업스타일

1 업스타일(up-style)

업스타일이란 '머리를 묶거나 빗어 높이 올려 두상의 한 위치에서 여러 형태의 스타 일을 연출하고 목선을 드러내는 여자의 머리모양 또는 여자의 머리 꾸밈새'라고 정의한다. 보통 업스타일이라 하면 시뇽 스타일(chignon)처럼 올림머리만을 생각하기 쉬우나 사전적 의미를 살펴보면 정확하게 정의하기는 어렵다. 업스타일의 표현적 이미지는 우아함과 여성스러움, 로맨틱 등을 표현하는 헤어 연출 방법 중 한 분야이다.

원포인트 시뇽

패티시뇽

루프시뇽

해트시뇽

[그림 7-1] 업스타일 종류

일반 헤어스타일과 마찬가지로 테크닉과 디자인이 강조되고 조형감각이 필요하며 헤어디자이너로서 업스타일의 기본 테크닉은 많은 시간과 반복되는 연습을 통하여 경험과 경력이 되었을 때 예술적이고 조화미가 넘치며 고객이 원하는 스타일로 작품의 완성도를 높일 수 있다. 업스타일은 우리 선조들이 예전부터 우리 고유의 한복문화와 맞물려서 내림머리에서 쪽을 짓는 등 시술하여 결혼식, 회갑연, 명절, 파티 등 격식을 갖춘 모임에 주로 하였다.

2000년대를 중심으로 시뇽 스타일은 비대칭형과 함께 나타난 헤어트렌드에서의 시뇽 스타일은 평면 기하학으로부터 직선, 사선, 원 곡선의 축을 이용한 두개골 공간의 활용에 따른 작품이다.

2 업스타일 개념

① 업스타일 디자인은 우아함과 귀여움, 여성스러움 그리고 로맨틱을 묘사하는 헤어 연출법이다. 헤어디자인 분야 중 업스타일은 머리를 높이 빗어 올려 위에서 마무리하고 목선을 드러내는 여자의 머리모양이라 하여 결발의 한 형으로 머리 스타일을 말한다. 기법으로 빗거나 땋아서 모발을 원하는 두상에 원하는 모양 흐름을 질서 있게 연출하는 것이다.

② 업스타일이라 하면 위로 높게 올림머리만을 말하는 것이 아니라 예전 우리 선조들의 쪽진 머리나 서양의 시뇽 스타일이라고 말하는 아래로 묶어서 형을 낸 스타일도 업스타일이라고 할 수 있다.

③ 업스타일은 입체적이고 심미적인 아름다움의 표현을 위한 헤어디자인의 한 분야이다.

3 업스타일 디자인 요소

1) 형태(form)

윤곽선, 실루엣 형태는 디자인 전체의 시각적인 외형으로 정의될 수 있는데, 형태란 평면이나 볼륨을 암시하거나 나타내면서 형, 크기, 색채 그리고 질감의 모든 시각적 요소로 이루어진 눈에 보이는 모든 실재물을 말한다. 넓은 의미에서 가시적인 모든 것은 형태를 갖고 있다. 형태는 인간의 감각 중 시각과 촉각에 의해 지각되므로 형태의 의미를 시각과의 관계성에서 볼 수 있다.

(1) 모양과 크기

① 원형(circle) : 길이, 넓이, 높이가 균등한 비율의 둥근형이다.

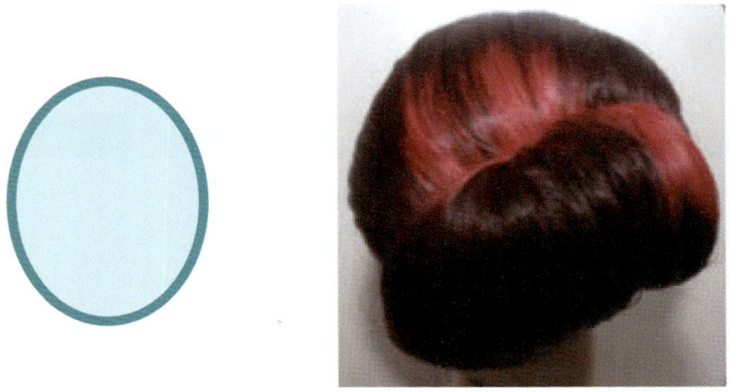

[그림 7-2] 원형

② 편구형(oblate) : 좌우로 넓이가 길게 확장된 형이다.

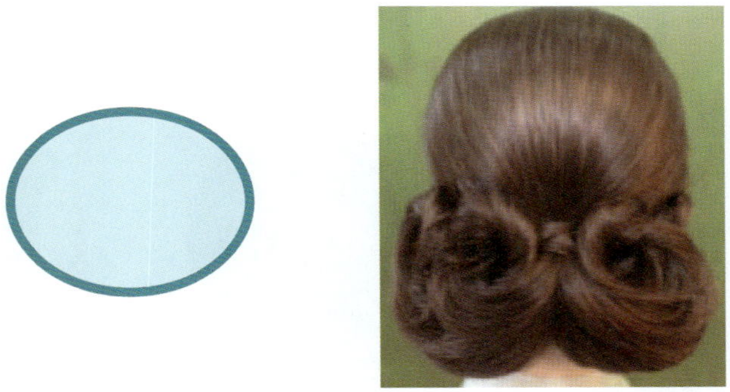

[그림 7-3] 편구형

③ 장구형(prolate) : 세로길이 방향으로 길게 확장된 형이다.

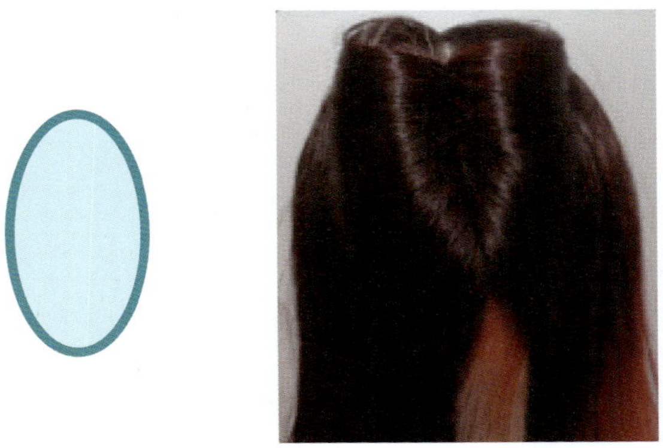

[그림 7-4] 장구형

(2) 묶음 위치에 따른 느낌 표현

묶음 위치를 골든 부분, 백 부분, 네이프 부분으로 할 때 활동적, 경쾌감, 발랄함, 안정, 평온, 단순, 엄격, 위엄, 간결형태로 표현될 수 있다.

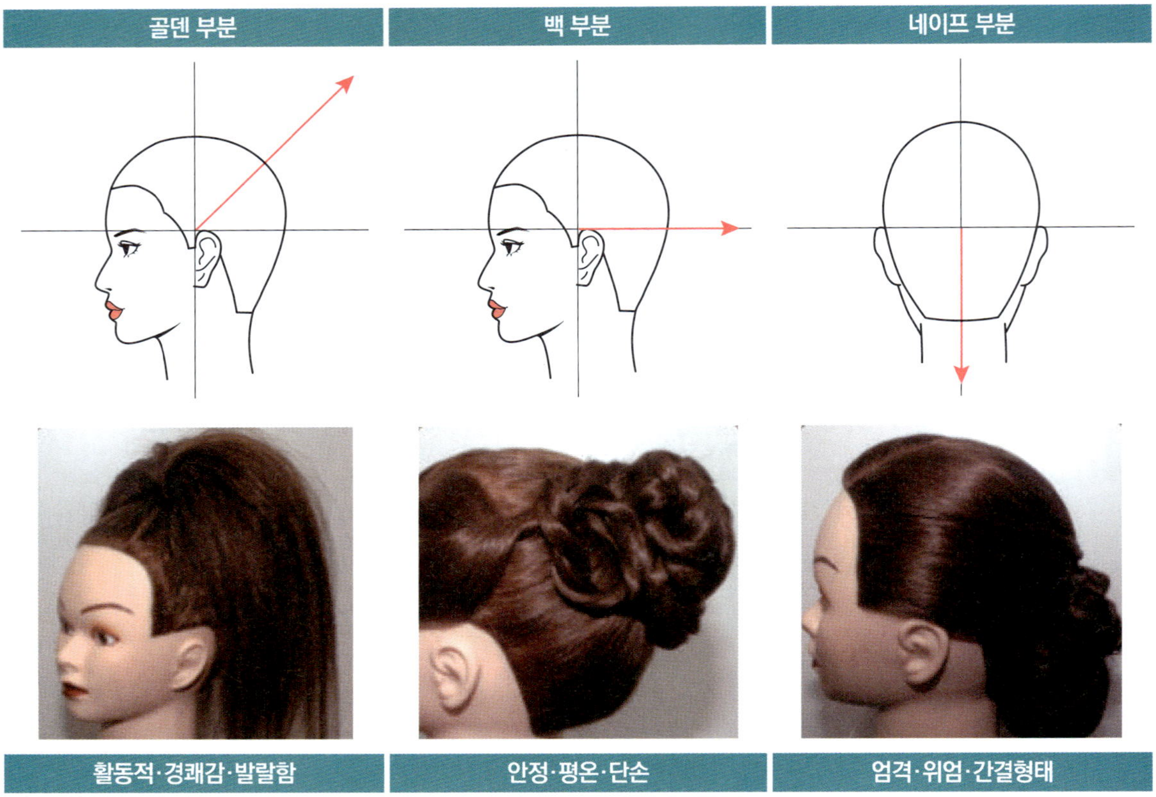

[그림 7-5] 묶음 위치에 따른 느낌 표현

2) 형태의 방향

(1) 각 모양의 위치 또는 디자인 크기(볼륨)에 의해 결정된다.

(2) 전체 축은 모든 직선과 곡선으로 구성되어 형태의 방향을 분석하는 데 이용될 수 있다.

3) 질감(texture)

헤어디자인에서 질감이란 머릿결(모질)을 말한다. 머릿결은 촉각과 시각으로 느낄 수 있는 스타일 표면의 질이다. 업스타일에 기본적으로 어떤 표면의 모습이나 느낌이 '부드럽다', '거칠다' 혹은 '매끄럽다'와 같은 말로 표현한다.

(1) 매끈한 질감(unactivated)

고리(loops), 말기(roll), 직모(straight hair) 등의 기법으로 빗질이 잘 정돈되어 연출된 스타일의 전체적인 표면이 매끈한 것을 말한다.

(2) 거친 질감(activated)

꼬기, 땋기, 매듭 등 연출된 스타일의 표면이 매끄럽지 않고 일정한 패턴 등으로 울퉁불퉁한 느낌을 말한다.

(3) 혼합형 질감(combination)

매끈함과 거친 질감이 혼합된 스타일을 말한다.

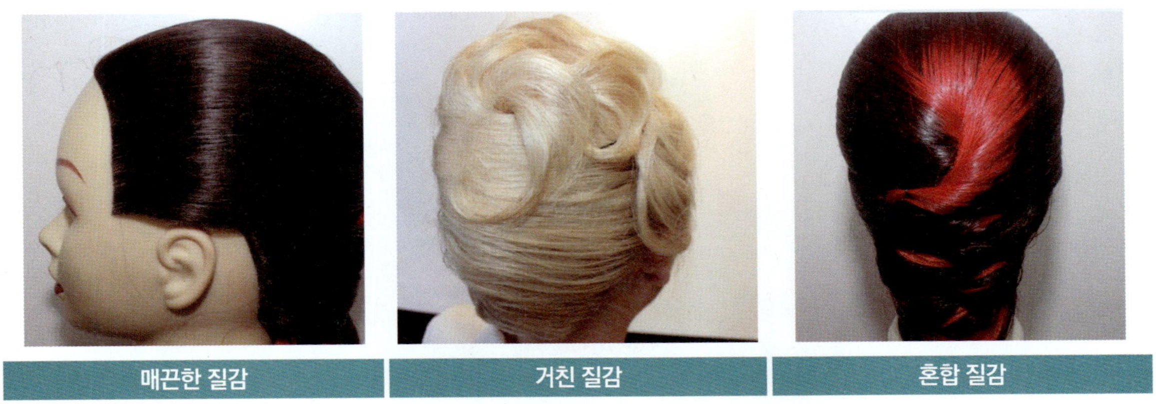

[그림 7-6] 질감

4) 색채(color)

빛의 반사를 통해 볼 수 있는 요소 색체는 물체에 빛이 반사할 때 얻어지는 시각적 효과로서 질감과 부피를 만들어주는 디자인 요소이며, 일반적으로 디자인에 가장 강한 영향을 준다. 색채는 또한 생동감과 방향감에 대한 착각을 일으키게 하여 시선을 특정한 부분에 집중시키게 한다.

(1) 어두운 컬러

어두운 컬러는 깊이감이 있으며 컬러보다는 전반적인 형태에 집중하는 효과가 있다.

(2) 밝은 컬러

밝은 컬러는 활발한 느낌이 들며 형태감이 어두운 컬러보다는 더 잘 보인다.

(3) 혼합컬러

주로 기능경기대회, 미용장 시험 등에 사용하는 컬러 기법으로 웨이브 흐름 등 시작점과 끝맺음이 이루어진 위치를 알 수 있다.

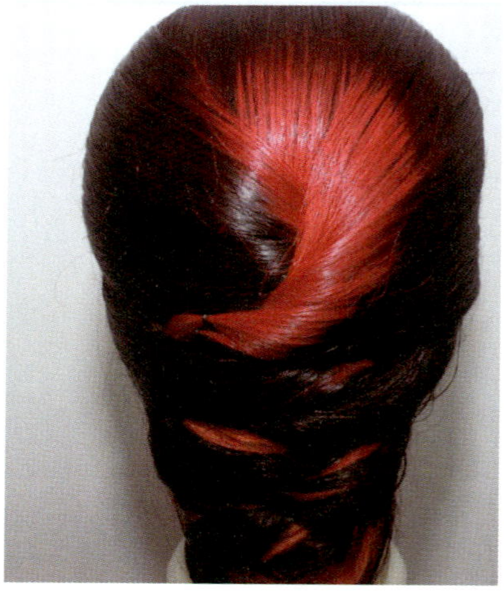

[그림 7-7] 색채

4 업스타일 디자인 법칙

디자인 구성 요소를 배열하는 패턴(형태, 질감, 색상의 3가지 디자인 요소) 롱 헤어에 사용되는 여러 가지 주요 디자인 법칙은 균형, 강조, 율동, 통일, 조화를 접목시켜 연출한다. 단독 혹은 혼합 사용하여, 흥미로운 디자인을 구성한다.

1) 균형(balance)

디자인의 시각적, 혹은 실제 무게감을 의미한다.

(1) 대칭(symmetry)

중심선이나 중심축의 양쪽에 크기와 모양이 똑같이 위치, 실제 무게감도 똑같이 분배된다.

(2) 비대칭(asymmetry)

중심선이나 중심축의 양쪽에 크기와 모양이 고르지 않게 위치, 무게감도 다르다.

* 업스타일을 디자인 할 때는 형태, 질감, 색상과의 상호관계를 고려해야 한다.

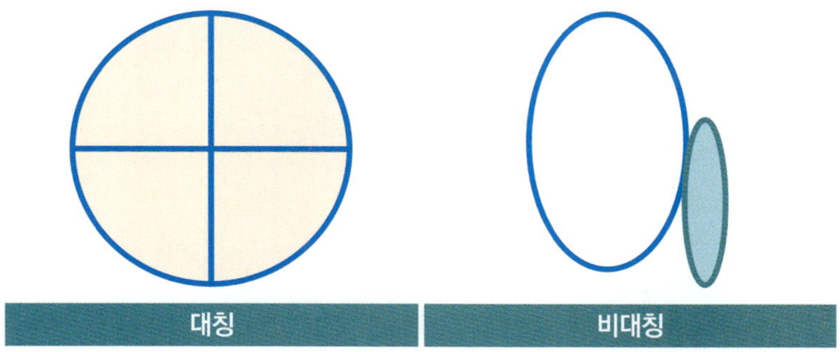

[그림 7-8] 균형

2) 강조(dominance)

디자인의 초점, 강조된 주된 부위이다. 업스타일 연출 시에, 형태 위치, 질감 정도 또는 색상을 통해 다양한 방법의 강조를 표현할 수 있다.

3) 반복(repetition)

한 가지 디자인 요소나 대상이 동일하게 반복적으로 배열 연결되어 연출되는 것으로 율동감이 표현된다.

4) 교대(alternation)

두 개 이상의 디자인 요소가 연속적인 순서로 반복으로 연출한다.

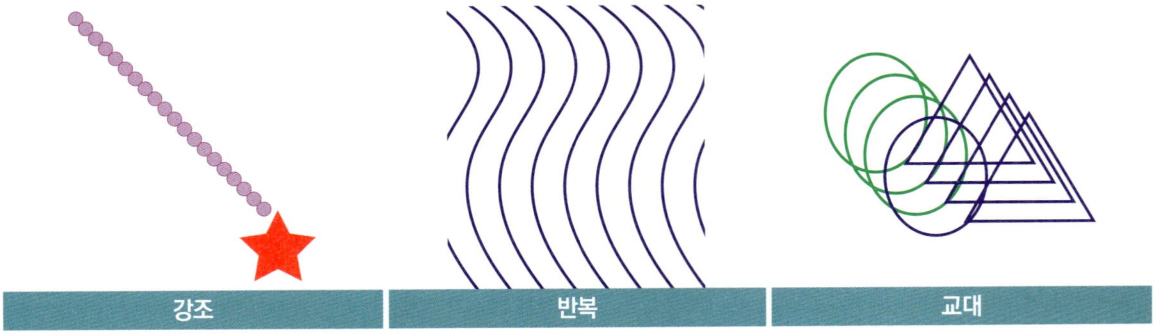

[그림 7-9] 강조, 반복, 교대

5) 진행(progression)

디자인 요소가 점점 증가 또는 점점 감소하는 형태로 동적인 느낌의 변화가 있으며 디자인 요소가 비율적인 단계로 연속하여 연출된다.

6) 대조(contrast)

디자인 요소, 색상 등이 상반되는 특징으로 구성되는 스타일이다.

[그림 7-10] 대조

5 업스타일 디자인 결정 요소

업스타일 디자인 결정을 위해 고려해야 할 사항이다.

1) 얼굴형

얼굴의 형은 모든 헤어 디자인 시술 시 고려대상이며 업스타일 연출 시 역시 얼굴형에 따라 강조해야 할 위치 등을 결정해야 한다.

(1) 둥근형 얼굴

얼굴길이가 둥근형이니 프론트 부위에 볼륨감 있는 연출을 하고 양사이드는 볼륨을 감소하는 디자인을 한다.

(2) 삼각형 얼굴

얼굴 아래 턱 부위가 넓고 이마 부위가 좁은 형으로 이마부위에 볼륨감과 강조를 하는 디자인을 하여 균형, 비례를 맞춘다.

(3) 장방향 얼굴

얼굴이 긴 형으로 톱 부위에 볼륨을 감소시키고 양 사이드 부분에 볼륨 포인트를 주어 전체적인 이미지가 길어 보이지 않고 계란형에 가깝도록 디자인 한다.

(4) 역삼각 얼굴

삼각형의 얼굴과 반대로 이마가 넓고 턱 부위가 좁은 형으로 디자인 시 이마, 양사이드 볼륨을 감소시키고, 아래 턱 부위에 볼륨, 강조를 하여 균형을 맞춘다.

(5) 마름모형 얼굴

좁은 이마와 턱을 가진 형으로 디자인 시 이마 부위에 볼륨감 있게 디자인하고 아래부위도 디자인하여 균형을 맞춘다.

(6) 사각형 얼굴

얼굴 턱부위가 각이 진 형으로 남성다운 느낌이 강하다. 전체적으로 두상의 외형을 부드럽고 볼륨감 있게 디자인하여 부드러운 인상을 주도록 한다.

(7) 오목한 얼굴

이마와 턱 부위가 앞으로 돌출된 형으로 전두부, 프론트 부위 머리를 짧게 하여 이마 부위를 감싸고 네이프 부분을 볼륨 있게 디자인한다.

(8) 볼록한 얼굴

이마와 턱이 들어가고 코 부위가 돌출된 형으로 앞이마에 컬이나 뱅으로 디자인하고 네이프 양 사이드에 뱅을 디자인한다.

뱅 등의 볼륨으로 톱부분을 강조하고 네이프 부분에 단순한 볼륨으로 처리한다.

(9) 낮은 이마와 돌출 얼굴

이마가 낮고 좁으며 턱이 돌출된 형으로 뱅 등의 볼륨으로 톱부분을 강조하고 네이프 부분에 단순한 볼륨으로 처리한다.

2) 신체적 구조

사람의 신장은 업스타일 전체적인 구조에 큰 영향을 준다. 신장의 장·단에 따라 디자 인 패턴, 강조 포인트 위치 등을 결정해야 한다. 또한 외형이 마른 체형인지, 뚱뚱한 체 형인지 고려하여 체형과 비례 또는 강조를 결정하고 연출한다. 예를 들어 신장이 작다면 톱 부분을 강조하거나, 볼륨을 주어야 한다. 목선에 따른 디자인은 짧고 굵은 목은 전두부 부위를 높게 강조, 볼륨을 주어 길어 보이게 하고, 가늘고 긴 목은 컬이나 뱅으로 목 부위, 양사이드 부위에 디자인한다.

3) 머리길이와 머리형

머리길이에 따라 표현 할 수 있는 요소가 한정되니 길이를 고려하여 시술을 해야 하고 머리형에 따라 강조 패턴 위치 등을 고려해야 한다.

4) 장소

참석해야 할 장소 예를 들어 결혼식, 파티 등에 따라 업스타일 연출 시 우아함, 여성스러움, 귀여움 등 고려하여 연출해야 한다.

5) 패션

입고 있는 패션을 고려하여 화려함, 단정함, 목선의 디자인 등 업스타일을 연출하여야 한다.

6) 선호하는 개인적인 스타일

고객의 선호스타일을 먼저 고객과 상의한 후 디자인 한다. 고객별로 화려함을 좋아 하는 사람이 있을 수 있고, 단정함을 원하는 사람이 있을 수 있다.

7) 최근 트렌드

디자이너는 항상 트렌드를 파악하여 고객 시술 시 고려해야 한다. 예를 들어 젊은 층은 너무나 클래식한 업스타일이 아닌 세미업 스타일을 시술하기도 한다.

8) 모발 밀도

모발의 숱 정도를 고려하여 백코밍이나 싱(보조물)을 넣어 볼륨, 강조를 연출할 수 있다.

9) 연령

고객의 연령을 고려하여 단정함, 화려함, 우아한 업스타일 연출을 해야 한다.

10) 메이크업

헤어컬러 메이크업, 헤어컬러와 같은 색체적인 면을 고려하여 연출한다.

6 업스타일 도구

1) 빗의 종류

(1) 꼬리빗

업스타일을 하기 위한 꼬리빗은 파팅, 섹션을 나뉘거나 정확히 모근 (뿌리)까지 빗을 수 있어야 하고, 꼬리빗 자체의 견고함이 있는 것이 좋다. 혹 꼬리빗 자체가 탄력이 좋고 부드러우면 그 탄력으로 인하여 빗 자체가 잘 휘어지기 때문에 정확한 백콤을 넣지 못할 수 있다.

(2) 정리용 브러시

정리용 브러시는 빗질 후 표면을 정리할 때 사용하는 브러시로, 표면의 실루엣과 광택을 효과적으로 표현할 수 있어서 좋다.

(3) 브러싱 브러시

브러싱 브러시는 주로 브러싱을 주목적으로 사용하는 브러시로, 두피 표면까지 깨끗하게 빗질이 가능하다는 장점이 있다. 브러시를 선택할 때는 다른 브러시와 마찬가지로 빗의 발의 표면이 가지런한 것이 좋다.

(4) 쿠션 브러시

쿠션 브러시는 빗 체가 부풀어 오른 쿠션부분이 있는 브러시로, 브러싱할 때 두피에 닿을 때는 부드러워서 자극이 적으며 세트 웨이브 스타일이나 올림머리를 하기 전, 세트를 말기 전, 말고 난 후의 모발 정리 시 쿠션브러시를 사용하면 편리하다.

꼬리빗

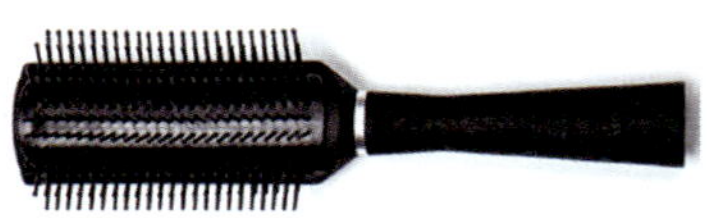

브러싱 브러시

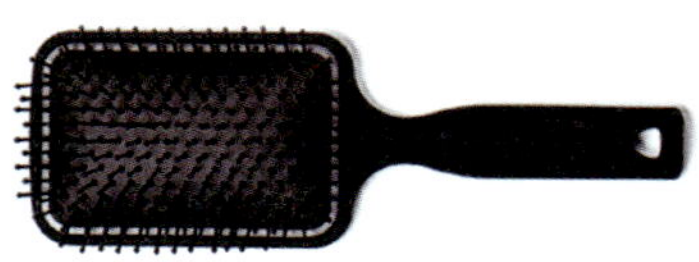

쿠션 브러시

[그림 7-11] 업스타일 도구

2) 핀의 종류와 특징

핀은 업스타일을 디자인하는 데 있어 중요한 도구이다. 핀의 선택과 사용방법에 따라 표현하고자 하는 디자인 스타일은 물론, 시간적, 경제적인 면에서 절약할 수 있다. 핀의 종류에 따른 명칭과 그 역할을 이해하여 스타일을 표현한다.

(1) 대핀

고정력이 가장 좋은 핀으로서 많은 양의 모발을 고정하고자 할 때 사용한다. 그러나 너무 많은 모발이나 너무 적은 양의 모발은 오히려 고정력이 떨어질 수 있다.

(2) 실핀

업스타일 시 가장 많이 사용하는 핀으로 면을 고정시킬 때 사용한다.

(3) 스몰핀

굵기가 가늘고 길이가 짧아 고정력이 약하다. 소량의 모발을 고정시킬 때, 힘이 없는 모발을 고정, 면의 섬세한 부분 처리 시 사용한다.

(4) 보비핀

피부에 닿은 촉감을 부드럽게 하여 디자인 연출 시 고정할 때 사용한다. 실핀보다는 고정력이 약하다.

(5) U자핀 대(네지핀)

모발 다발을 묶거나 하여 토대를 고정시킬 때, 많은 양의 모발을 감추고자 할 때, 임시로 형태를 고정시키고자 할 때 등, 다양하게 쓰여 진다.

(6) U자핀 중

U자핀 대자보다 작으며 긴 머리나 짧은 머리에 상관없이 주로 적은 양의 모발에 사용하는 핀으로 뱅, 로프, 컬 등의 고정에 사용한다.

(7) U자핀 소(오니핀)

업스타일 디자인 마무리 시 면이 갈라지거나, 스타일에 있어 컬의 고정 등에 사용한 다. 눈에 잘 띄지 않는 장점이 있다. 그리고 사용할 때는 핀 자체를 그대로 사용하여도 무관하지만, 가능하면 갈고리형으로 끝 부분을 휘어 마무리 작업 시 빠지지 않도록 사용하는 것이 더욱 효과적이다.

(8) 싱글핀, 더블핀

싱글핀과 더블핀은 주로 표면을 고정할 때 쓰이는 핀으로 잔머리 부분을 가볍게 눌러 주거나 형태를 임시로 고정할 때도 사용하는 핀이다. 고정시킨 부위에 자극이 생기는 경우가 발생하기 때문 사용 시 주의가 필요하다.

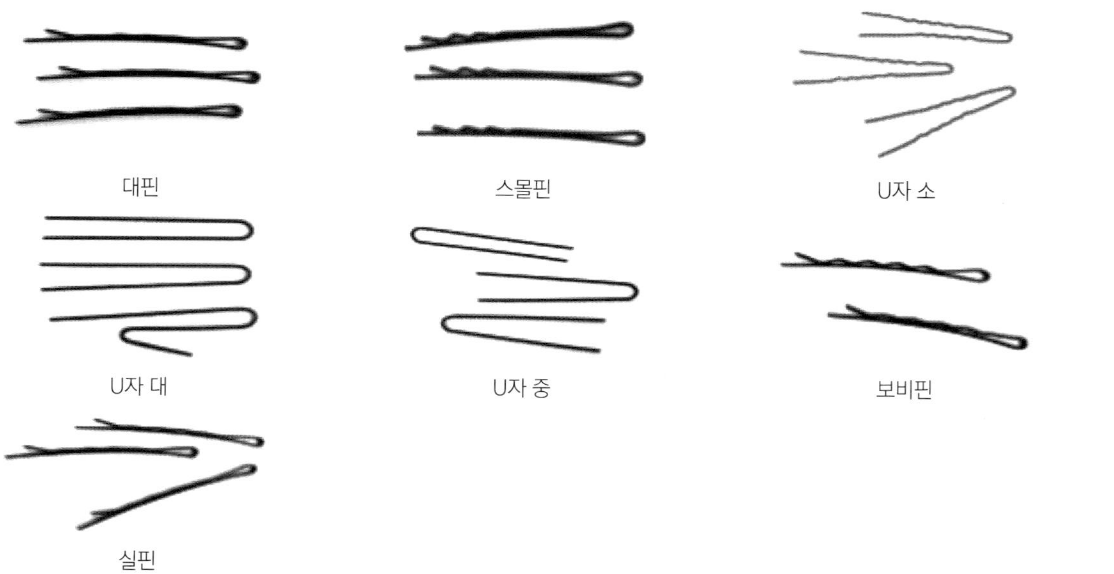

[그림 7-12] 핀의 종류

3) 클립(핀셋 종류와 특징)

(1) 핀컬핀

업스타일 시술 중에 마무리용 핀셋은 넓은 면, 판넬, 웨이브를 고정하고자 할 때 혹은 형태의 흐름을 잡을 때 쓰인다. 더블핀보다 많은 양의 모발을 고정할 수 있어 좋다. 그러나 플랫핀의 형이 U자형을 하고 있기 때문에 자극에 주의해야 한다.

(2) 일반 핀셋

블로킹용 핀셋은 일반적으로 많이 사용하는 핀으로 마무리용 핀셋의 역할을 대신 하기도 한다. 고정력이 강하므로 모발을 쉽게 깨끗이 고정할 수 있다.

[그림 7-13] 클립

4) 스타일링제

헤어 스타일링제는 업스타일 작업 시 디자인을 원하는 스타일로 고정시키는 데 사용하거나, 광택, 기타 스타일을 연출할 때 사용한다.

(1) 스프레이(무색)

스프레이는 디자인을 고정시키는 역할을 한다. 두상 가까이서 너무 많이 사용하면 디자인 표면이 갈라지거나 뭉치게 되는 경우가 있다. 사용 시에는 어느 정도의 거리를 두고 적당한 양을 뿌려야 한다.

(2) 왁스

최근에 가장 많이 사용되는 헤어스타일링제로 디자인하고자 하는 부분에 골고루 발라 자유자재로 디자인 할 수 있으며 자연스러운 헤어스타일의 컬의 표현이나 질감을 표현하고자 할 때 다양한 스타일을 할 수 있다. 잔머리를 깨끗이 처리하고자 할 때에 사용이 가능하다.

(3) 에센스

트리트먼트제로 세팅 전이나 브러싱 전에 모발에 골고루 도포한다. 세팅에 의한 손상을 막아주고 모발에 윤기를 한층 더 유지시켜 주며, 모발에 일어나는 정전기 방지효과도 있으며 모발의 촉감이 부드럽고, 자연스러운 스타일링을 만들어 준다.

(4) 광택제

모발 손상으로 인해 전체적인 모발의 질감이 탁해 보이거나 손상이 심한 머릿결에 광택제를 도포한다. 모발이 윤기 나는 효과가 있다.

(5) 기타 컬러스프레이

무색스프레이와 다르게 컬러 성분이 함유되어 있어 화려하고 검은 헤어스타일일 경우 개성 있는 컬러 디자인 연출이 가능하다.

광택제 스프레이 무스 왁스

[그림 7-14] 스타일링제

5) 기타 도구

(1) 끈/고무줄

끈, 고무줄은 토대를 만들거나, 전체 모발을 하나로 묶고자 할 때 주로 쓰이는 도구이다. 두피에 부담이 가기 때문에 밴드고무줄은 사용하지 않는 것이 좋다.

(2) 곡선 빗

곡선 빗은 프론트 부위나 사이드 부위의 볼륨 등을 조절하거나 면을 임시적으로 고정 할 때 주로 사용하는 도구이다. 곡선 빗은 모발의 흐름에 맡게 균일하게 고정시켜 사용하면 디자인하기가 쉬운 장점이 있다.

(3) 싱

업스타일에서 싱은 단순히 볼륨을 내기 위해서 사용하는 것뿐만이 아니라 토대는 물론 디자인하고자 하는 실루엣을 만들고자 할 때 사용하며 두상의 골격 단점을 보완하고 스타일을 입체적으로 표현하기 위해 사용한다. 싱 선택 시 부드러운 것은 고정력이 떨어져 토대로써의 역할을 제대로 못할 수 있으므로 너무 부드럽지 않은 싱을 선택하는 것이 좋다. 모발의 컬러에 맞게 선택하여 사용한다.

(4) 전기 세팅기

전기 세팅기는 업스타일을 디자인 전에 연출하고자 하는 디자인을 위해 쉽게 컬, 루프 등을 연출하기 위해 모발을 세팅기로 와인딩하여 굵은 웨이브를 만드는 기기이다. 롤의 크기는 특대/대/중/소 4종류로 구분되어 있고 롤의 굵기에 따라서 컬의 웨이브가 틀리며, 세팅하는 방법에 따라서 컬의 느낌에 큰 차이가 있으므로 세팅 롤에 따른 웨이브 흐름, 굵기 등을 알아야 한다.

(5) 망

망은 잔머리가 많거나 모량이 많아 핀으로 고정하기 어려고 무게가 있는 모발 다발을 감싸거나, 스프레이 처리만으로도 디자인을 하기 어려울 때 망을 사용하여 형태를 고정 한다. 멋내기용은 업스타일 과정에서 마지막 단계에서 사용한다. 디자인의 크기나 형태 질감 등 웨이브 처리를 망으로도 표현이 가능하다.

(6) 아이론

아이론은 세팅과 같은 효과를 내고 컬을 형성하는 데 사용한다. 세팅기와 조금은 다르게 아이론의 종류, 크기, 온도, 시간에 따라서 웨이브의 느낌이 다르다. 아이론의 장점은 세팅보다 시간적인 면을 단축할 수 있다. 사용 시 모발이 마른 상태에서 아이론 작업에 들어가는 것이 좋다. 그렇지 않으면 모발손상을 더 야기할 수 있다.

고무줄

곡선 빗

싱

전기세팅기

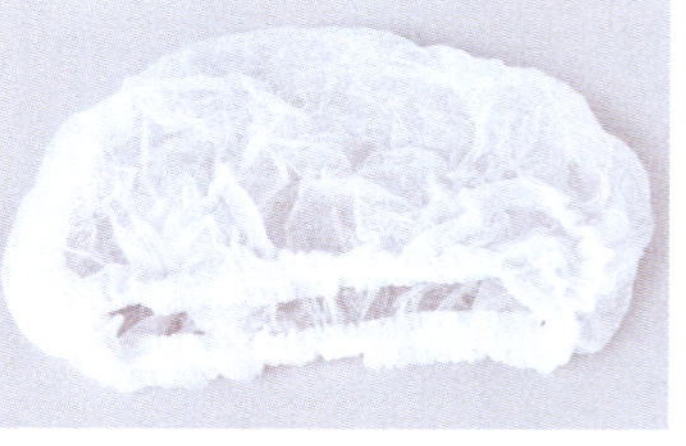

망

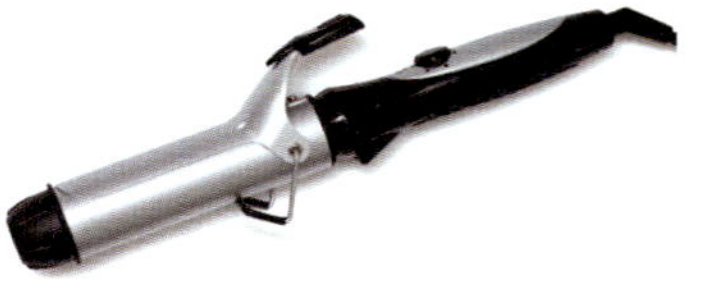

아이론

[그림 7-15] 기타 도구

7 업스타일 기법

1) 땋기

모발의 가닥을 3가닥 이상으로 교차하거나 엮는 것을 말한다. 종류로는 3, 5, 7가닥 땋기, 기타 땋기 응용 스타일이 있다.

① 땋을 섹션을 잡는다.

② 전체 3등분한다.

③ 좌·우 위로 45°, 좌·우 아래로 45°잡는다.

④ 양쪽 맨 끝 가닥 위로 45°유지해서 집어 땋기 한다.
6~7번째 가닥집어 올릴 때 각도를 변화시킨다.

⑤ 가운데 두 가닥 아래로 45°집어 땋기 한다.
⑥ 전체 모양을 보면서 양쪽 끝 핀을 교정한다.
전체 모양을 보면서 가운데 두 가닥 핀을 교정한다.

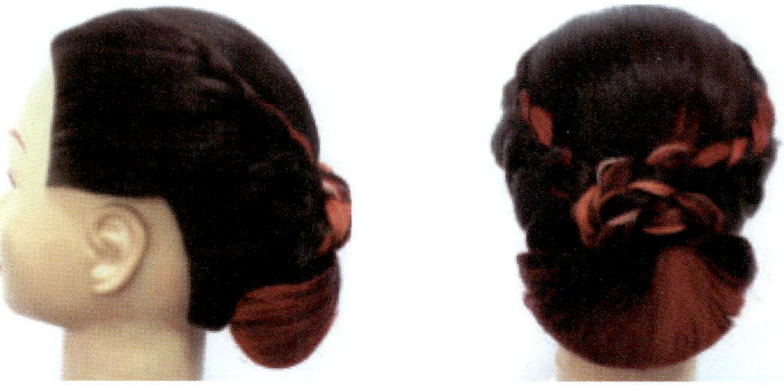

[그림 7-16] 땋기

2) 꼬기

꼬기는 판넬을 한쪽 방향으로 계속 꼬아서 끈 같은 모양을 만드는 것이다.
① 블로킹 페이스 라인둘레 4cm 잡는다.
② 두 가닥으로 나뉜다.
③ 두 가닥을 한 가닥으로 꼬기를 시작한다.
④ 양 방향을 동일한 방향으로 꼬기를 한다.
⑤ 네이프 부분에서 꼬아 놓은 양 가닥을 잡는다.
⑥ 다시 꼬아서 디자인을 한다.

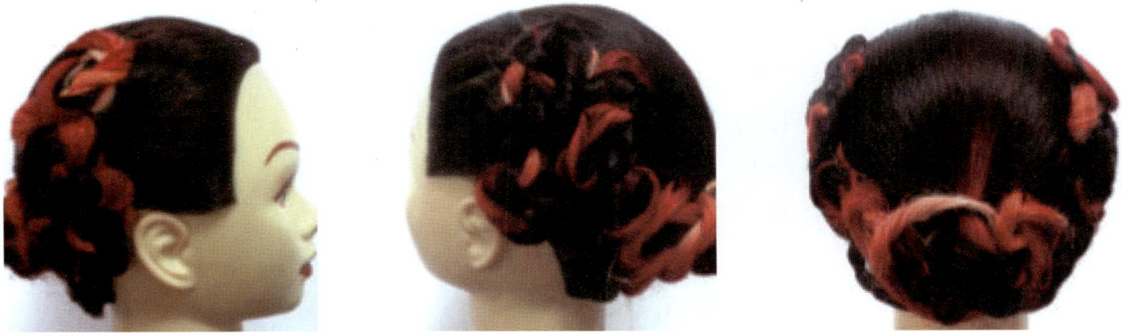

[그림 7-17] 꼬기

3) 매듭

매듭은 하나 이상의 가닥을 사슬처럼 묶어주는 기법이다. 종류로는 한줄 매듭, 두줄 매듭, 매듭 응용 스타일 등이 있다.

① 매듭할 만큼의 섹션을 잡는다.
② 매듭을 만든다.
③ 양쪽과 두정부 부분을 매듭을 만든다.
④ 네이프 부분에 매듭이 만들어진 세 가닥을 잡는다.
⑤ 묶음에서 매듭으로 처리하여 완성한다.

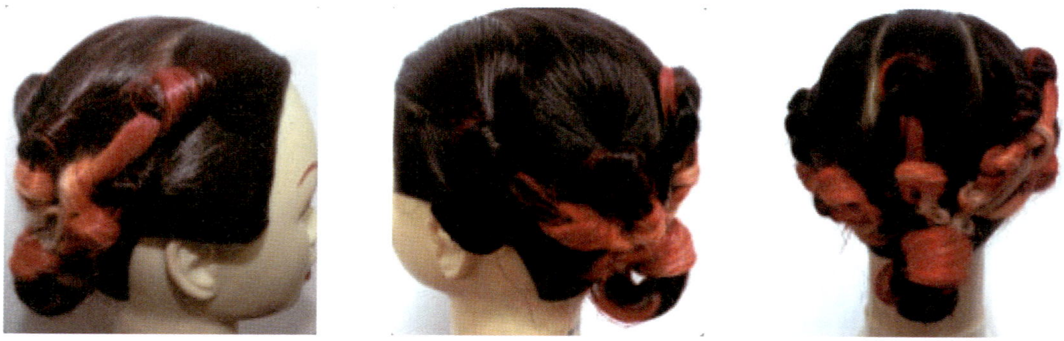

[그림 7-18] 매듭

4) 고리

고리는 머리 가닥을 둥근 모양으로 접거나 구부리거나 둥글게 하여 곡선 모양으로 만들어 두상의 어느 위치에 고정시키는 기법이다. 종류로는 외고리, 납작고리, 한겹고리, 겹고리 등이 있다.

① 고리를 만들 만큼 섹션을 뜬다.
② 모선부분부터 둥글게 고리를 만든다.
③ 반대편 동일하게 시술을 한다.
④ 가운데 가닥은 세 개의 고리로 완성한다.

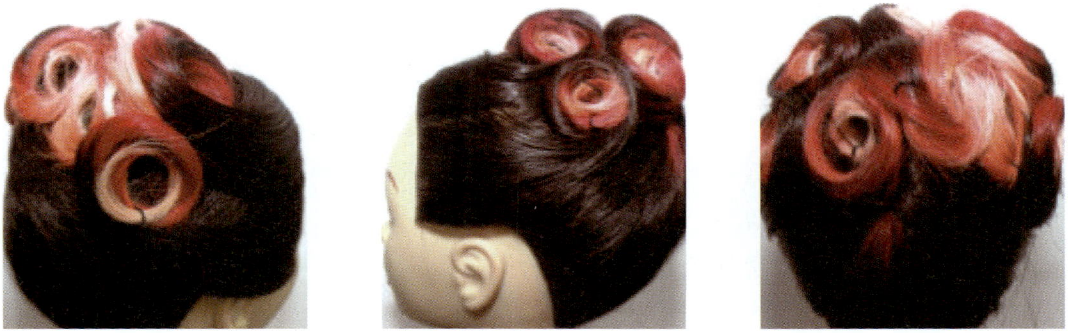

[그림 7-19] 고리

5) 겹치기

두 개의 모발 가닥을 서로 반대 방향으로 교차해서 겹치게 하는 기법이다. 종류는 위로 겹치기, 아래 겹치기가 있다. 겹치기 시 표면을 매끄럽게 한다.

① 톱 부분에서 2가닥으로 나누어서 모로 겹친다.
② 같은 모량을 양 사이드에서 가져와 겹친다.
③ 톱 부위에서 90로 수평 유지한다.
④ 다음 시술도 동일하게 하여 끝까지 겹친 후 고무줄로 꼬리빗을 이용해 마무리 한다.
⑤ 끝부분은 자연스럽게 두피쪽으로 말아서 마무리 한다.

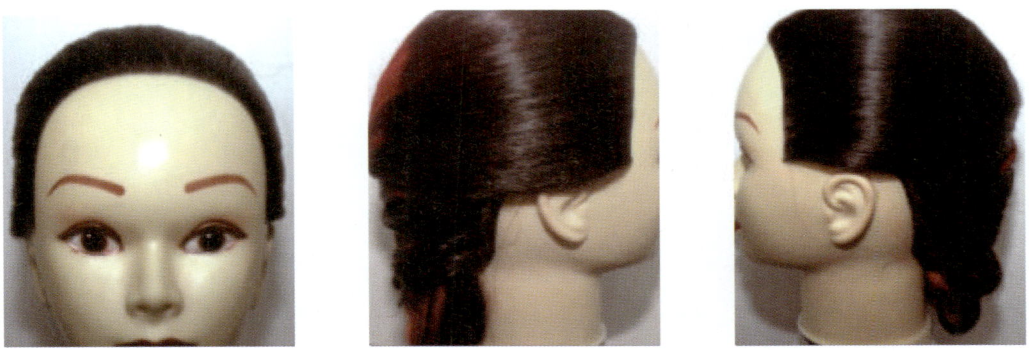

[그림 7-20] 겹치기

6) 말기

모발 판넬 볼륨감을 주기 위해 둥글게 말아가는 기법이다. 예를 들어 소라형, 수직롤, 수평롤, 외곽말기 등이 있다.

① 백 부분에서 전체적으로 볼륨감 형성하여 사이드 섹션을 제외한 백 센터에서 라운드로 핀 교정한다 (핀 꽂는 위치는 윤곽 롤의 위치결정).

② 왼쪽 사이드부터 검지와 중지를 이용하여 롤을 만들어 고정한다.

③ 네이프로 진행될수록 롤이 점차 커지도록 한다.

④ 반대 방향으로 진행한다.

⑤ 전체적으로 말기 형이 되도록 마무리 한다.

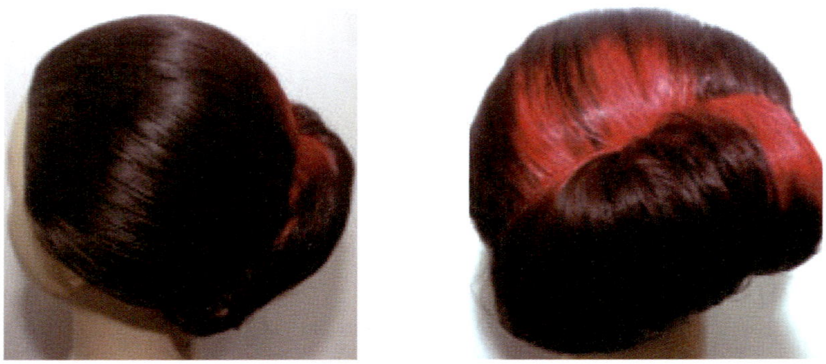

[그림 7-21] 말기

7) 백콤 넣기

① 톱 부분에 볼륨을 줄 위치에 섹션을 뜬다.

② 섹션을 두피 90°로 들고 두피 쪽에서부터 빗을 이용하여 백콤을 넣는다.

③ 중간부위 백콤을 넣는다.

④ 모선으로 갈수록 백콤을 계속 진행한다.

⑤ 끝까지 백콤을 하여 마무리한다.

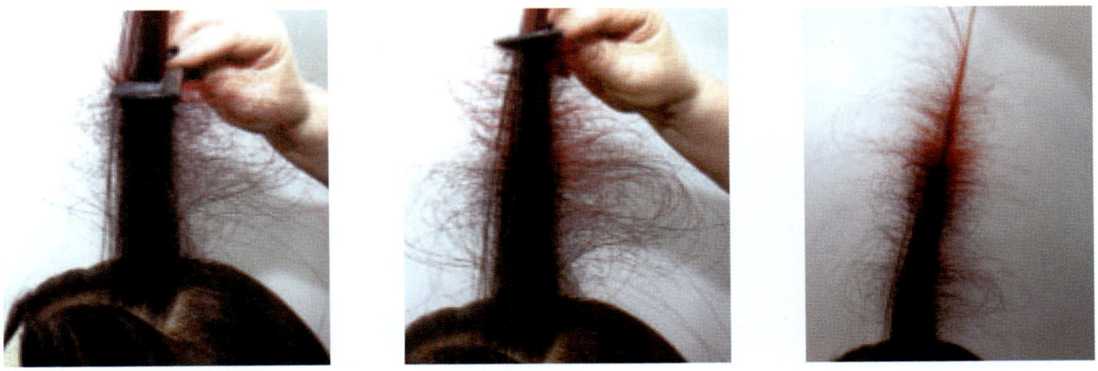

[그림 7-22] 백콤 넣기

HAIR
BEAUTY
ART
THEORY

제8장

두피관리학

1 두피관리

두피관리란 두피의 청결과 건강을 위한 다양한 미용적 시술로서, 일상적인 샴푸나 두피 스케일링 및 트리트먼트를 시술하고 두피 관련 기기를 이용한다. 두피 문제를 개선, 관리하여 모발의 성장 및 두피건강을 저해하는 이물질과 기타 오래된 피부분비물(피지, 땀 등)을 제거하고 두피 및 모발에 필요한 영양을 공급하여 두피의 건강뿐만 아니라 모발의 성장을 원활히 하도록 도와주는 관리를 말한다.

1) 두피관리의 목적

두피관리는 두피 내 노화된 각질이나 피지산화물 등을 두피 스케일링제를 이용해 제거해줌으로써 각화주기를 정상화시키고 모공 내 제품 침투력도 높여 두피 신진대사 기능이 향상되는 효과를 준다. 또한 관리 시 적용하는 마사지를 통해 혈액순환을 촉진시켜 결과적으로 문제성 두피와 탈모를 사전에 예방할 수 있다.

(1) 두피관리의 효과

- 두피의 대사기능 상승
- 원활한 혈액순환
- 제품의 높은 침투력
- 올바른 모발 트리트먼트 효과
- 문제성 두피예방 및 관리

2 두피의 정의

두피는 두부(頭部)를 보호하고 있는 피부조직으로 외부의 물리적 자극이나 화학적 변화를 완충시켜 두부 내부를 유지하고 보호하는 부분이다. 건강한 모발을 생성하기 위한 바탕이 되는 두피는 인체조직 중 다른 어떤 부분보다도 모낭과 혈관이 풍부하여 신경분포도 조밀하고 섬세한 구조를 가지고 있다.

❸ 두피의 구조

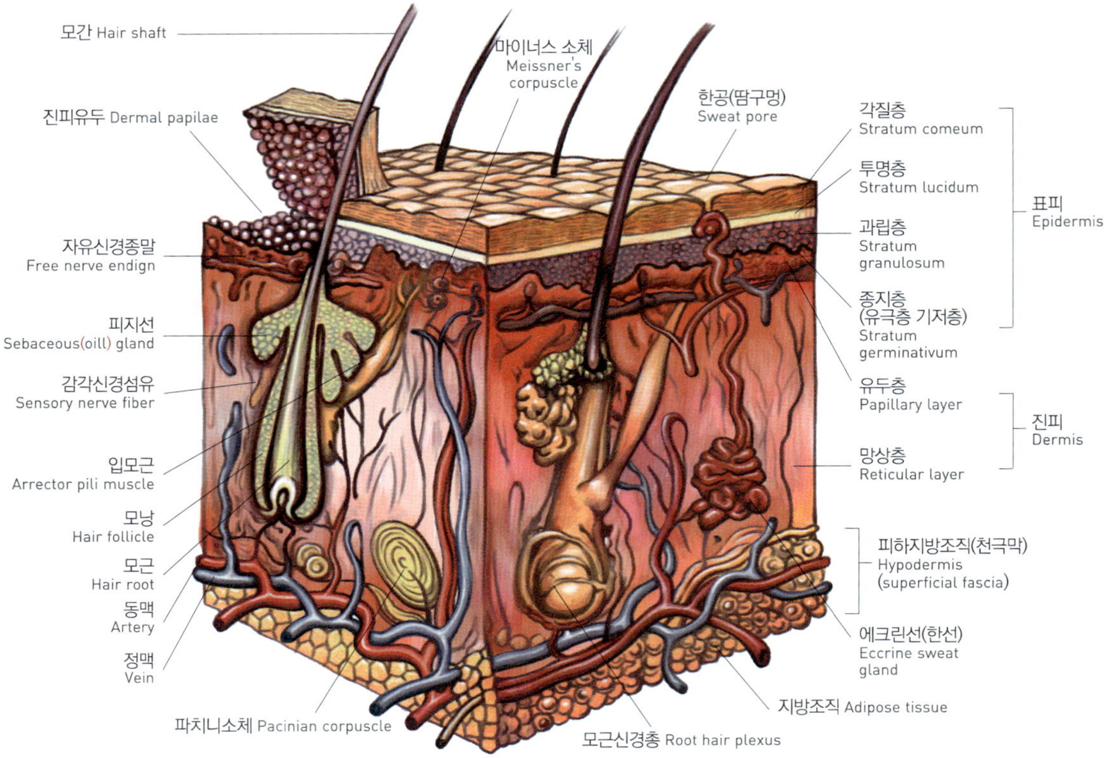

[그림 8-1] 두피의 구조

1) 표피

표피는 외부의 환경과 직접 접촉하는 부분으로 우리가 육안으로 볼 수 있는 겉껍질이라 할 수 있다. 일반적인 표피의 두께는 0.1~0.3mm이다.

(1) 각질층

표피층의 가장 바깥쪽에 있으며 케라틴이라는 핵이 없는 죽은 각질세포로 구성되어 있다. 견고한 각질층의 결합구조는 외부로부터 제품 및 세균침입을 막아주는 역할을 하며 각질층에 존재하는 천연 보습인자(natural moisturizing factor)는 수분증발을 억제한다.

(2) 투명층

단백질로 구성되어 손이나 발바닥에 다수 존재하며 생명력이 없는 반유동성의 엘라이딘(eleiden)이 들어 있어 투명하게 보인다.

(3) 과립층

투명층 아래의 3~5층의 납작한 과립세포로 내부의 수분 증발을 막아주어 피부 건조화 현상을 방지하고 두피에 발생하는 다양한 피부염을 억제한다.

(4) 유극층

표피층 중 가장 두꺼운 층으로 핵이 존재하는 가시 모양의 돌기를 지닌 유극세포로 구성되어 '가시층'이라고도 한다. 유극층은 림프액이 순환하고 있어 인체의 노폐물 및 독소를 운반하며 혈관이 존재하지 않는 표피층의 각 세포에 영양분을 공급한다.

(5) 기저층

표피층 중 가장 아래 부위에 위치한 부분으로 각질층을 통하여 떨어져 나간 각질을 대신하기 위하여 세포분열을 하는 층으로 멜라닌 색소 세포인 멜라노사이트가 존재하고 있어 피부 특유의 색을 결정한다.

① **각화과정**

두피는 세포분열을 반복해가며 일정한 주기에 따라 각화과정을 거치게 되는데, 이때 각화과정은 두피 표면의 피부각화 현상과 두피 내의 모낭에서 발생하는 모발의 성장으로 나눌 수 있다.

② **두피표면에서의 피부 각화**

기저층에서 만들어진 세포는 새롭게 생성된 세포에 의해 피부의 표면을 향해 이동해 나가며 차차 세포의 모양이 바뀌고 수분 손실량도 커진다. 기저층, 과립층, 각질층의 형태로 변하며 약 28일 주기로 새로운 상피 세포가 생성된다.

③ **모낭에서의 모발 생성**

모발은 모유두의 모모세포가 영양분을 흡수하여 세포분열을 하는 과정으로 생성된다. '모발이 자란다'라는 의미는 모발의 각화과정으로 모모세포의 분열로 인해 밀려 올라간 세포가 수분을 감소시켜 점차 딱딱해지는 것이라 하겠다.

2) 진피

피부의 90% 이상을 차지하는 진피는 표피의 바로 밑 부분으로 교원섬유와 탄력섬유 그리고 기질로 구성되어 있어 피부의 팽팽함과 탄력을 만들어 준다. 또한 모발의 근원인 모낭이 생성되고 성장하기 때문에 두피와 탈모의 이해에 중요한 피부조직이다.

(1) 유두층

표피의 바로 밑과 진피층의 상부에 존재하는 유두층은 많은 양의 수분을 함유하고 있어 피부의 팽창과 탄력에 영향을 주며 모세혈관을 통해 기저세포에 영양과 산소를 공급해주는 역할을 한다.

(2) 망상층

그물의 형태를 하고 있는 망상층은 교원섬유와 탄력섬유가 있어 신체 내부를 보호하고 탄력성과 신축성을 부여하는 단백질 섬유의 형태로 존재하여 표피층에 영양을 준다.

3) 피하지방

진피의 아랫부분과 뼈 사이의 조직을 말하는 것으로 인체가 소비하고 남은 여분의 지방이 다량 함유되어 있어 혈관과 신경을 받쳐주는 쿠션 역할을 하는 동시에 외상과 추위로부터 인체를 보호하는 역할을 한다. 미용상으로는 사람의 체형과 관계가 깊으며 두피의 경우에는 피하조직층이 평균적으로 일반조직의 피하지방층보다 얇게 존재한다.

4 두피의 기능

1) 보호의 기능

두피는 뇌를 중심으로 한 피부, 근육, 뼈조직 등을 외부의 충격으로부터 보호하며 각종 박테리아나 세균의 감염 등에 대해 뇌를 보호하는 기능을 가지고 있다.

2) 호흡의 기능

인체는 폐를 통한 호흡이 97% 정도 이루어지지만 피부조직을 통한 외부로부터의 산소공급 또한 전체 호흡량의 1~3% 정도를 한다. 피부조직의 하나인 두피 또한 이러한 피부호흡의 기능에 관여하고 있다.

3) 흡수의 기능

두피조직은 모발성장에 필요한 영양분을 외부로부터 흡수하는 기능을 가지고 있다. 영양분의 두피 속 흡수는 표피세포를 통하여 흡수되는 것보다는 모공을 통하여 흡수될 경우 흡수율이 더욱 높다.

4) 분비의 기능

두피조직은 피지를 분비하는 피지선, 땀을 분비하는 한선이 존재하고 있으며 두피에서 생성된 피지막은 두피의 세균감염에 대한 방어와 살균능력, 보습기능, 비타민 D생성의 기능을 하고 있다.

5) 배설의 기능

인체는 신진대사기능을 하고 남은 잔여물을 신장이나 항문, 폐 등을 통하여 체외로 배출하고 있으며 그 중의 일부인 모발은 중금속 등의 유해물질을 체외로 배설하는 기능을 한다.

6) 체온조절의 기능

인체는 항상 36.5℃를 유지하는 항상성을 지닌다. 피부에서 분비되는 땀은 인체의 체온유지에 도움을 주고 있으며 피부조직의 모세혈관은 피부 발한작용을 통하여 체온을 일정하게 유지하려고 한다.

5 두피의 종류

두피는 피지량, 수분량, 두피톤, 각질 유무, 모발의 밀도, 굵기 등에 따라 몇 가지 유형으로 분류할 수 있다.

1) 정상두피(plain scalp)

정상두피는 두피에 관한 일반적인 기준이 되는 유형으로 연한 살색 또는 연한 청백의 맑고 투명한 톤을 띄고 있다. 노화각질이나 불순물이 없이 모공주변이 깨끗하며 모공이 열려 있어 영양분이 쉽게 흡수된다. 한 개의 모공에 1가닥 2~3가닥의 모발이 건강하게 자라고 있으며 모공의 상태도 선명하고 오목하다. 정상두피는 모간의 안쪽 부분까지 볼 수 있으며 모발 밀도에 있어서도 일정한 간격을 유지하고 있다.

(1) 판독요령

- 두피 톤 : 우윳빛, 청백색 및 투명한 톤으로 연한 살색 톤이다.
- 모공상태 : 선명한 모공라인이 열려져 있고 각질 비듬이 없다.
- 모발개수 : 한 모공당 1~2개 존재한다.
- 노화각질 및 피지산화물 : 거의 존재하지 않는다.
- 수분함량 : 10~20%정도이다.
- 모발의 굵기 : 모발의 굵기는 전두부, 후두부, 측두부 굵기가 거의 일정하게 보인다.
- 모발밀도 : 빈 모공이 거의 없다. 모발의 분포도가 전두부, 후두부, 측두부가 거의 일정하게 분포되어 있다.
- 피지상태 : 원활한 피지 분비로 윤기가 적당하게 있고 매끄러운 상태이다.
- 예민도 : 두피에 홍반, 염증, 충혈된 모세혈관 등을 볼 수 없고 맑고 투명한 상태이다. 예민도가 없고 가렵거나 따갑지 않다.
- 한선(땀샘) : 한선은 모발진단기로 보면 빈 모공과 비슷하나 빈 모공에 비해 규모가 작으며, 윤곽선이 뚜렷하지 않은 상태로 존재한다.

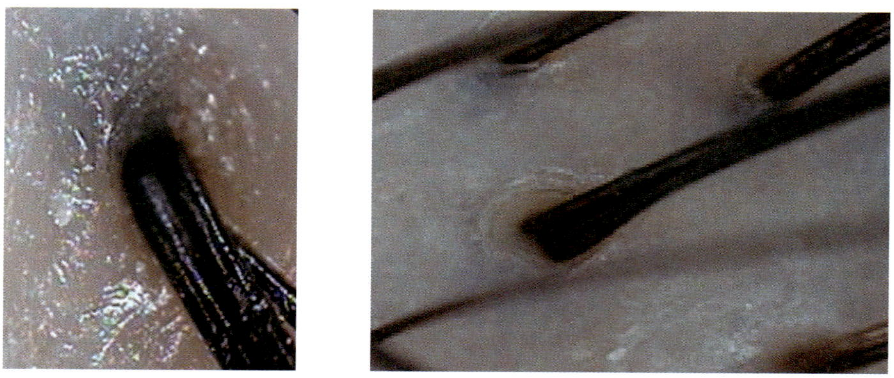

[그림 8-2] 정상두피

2) 건성두피(dry scalp)

수분의 부족과 피지분비 이상으로 피지분비가 부족해서 일어나는 현상으로 두피에 각질 및 비듬이 하얗게 쌓여 있고 두피에서 떨어진 각질에 의해서 모공 주변이 막혀 있고 두피가 불규칙하게 갈라져 보이는 두피 유형이다. 노화된 각질이 두텁게 쌓여 있어 탁하거나 얼룩져 보이기도 하지만 전체적으로는 정상두피에 가까운 살색이나 청백색의 톤을 띠고 있다.

(1) 원인

① **내적 요인**

- 호르몬 분비 이상, 비타민 섭취 이상과 같은 영양 불균형, 스트레스
- 과립층 아래에 존재하는 수분유실

② **외적 요인**

- 잦은 드라이, 화학시술, 각질층 부위에 수분이 유실
- 내적 요인보다 손쉽게 발생하는 외적 요인이 더 크다.

(2) 판독요령

① **두피톤** : 창백한 백색이며 불투명하다. 정상두피와 비슷한 톤이다.

② **모공상태** : 각질이 모공을 덮고 있어 윤곽선이 불분명하고 다소 막혀 있다.

③ **모발상태** : 모표피가 약간 들떠 있고 건조하며 각질도 약간 묻어 있다.

④ **모발밀도** : 수적 밀도가 보인다.

⑤ **수분함량** : 각질층 수분이 10% 미만으로 존재한다.

⑥ **피지 정도** : 건성두피의 발생에 있어 수분증발 다음으로 문제가 되는 것이 피지의 상태로 건성두피에 있어 피지 분비는 매우 중요하다. 건성두피는 1일 정도 지나야 정상두피의 피지량과 비슷하다. 두피의 피지를 보기가 힘들다. 피지 측정은 샴푸 후 3~6시간 후에 측정한다.

⑦ **예민도** : 두피에 유·수분이 부족하여 건조한 상태이다. 건조한 상태라서 조금 가렵고 건성이 심하면 따가울 수도 있다. 심하면 예민성두피로 변한다.

⑧ **한선** : 수분의 증발이 촉진된다.

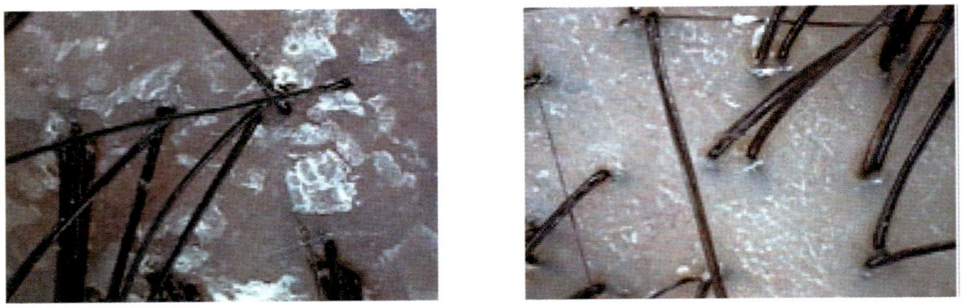

[그림 8-3] 건성두피

3) 지성두피(oily scalp)

과다한 피지분비와 노화각질의 영향에 따른 피지산화물의 누적이 원인이 되어 나타나는 유형으로 두피에 악취와 함께 염증이나 가려움증을 동반하는 특징을 지닌다. 물이 고여 있는 듯 촉촉한 상태로 정상두피와는 달리 투명감이 없어 둔탁해 보이는 지성두피는 모공 주변이 심하게 막혀있고 끈적임 현상이 두드러지게 나타난다. 모발의 탄력 저하와 연모화 현상을 볼 수 있으며 모발의 밀도도 적어질 수 있고 빈 모공의 수도 늘어나는 경우도 생긴다.

(1) 판독요령

① **두피 톤** : 약간의 황색톤(피지산화)이며 얼룩현상이 보인다.

② **각질정도** : 노화각질이 넓고 두꺼운 층을 이루고 있다.
피지 확인을 위해 스파튤라 등을 이용해 두피를 긁어 확인한다.

③ **모공상태** : 피지가 모공에 고여 있으며, 다수 막혀있어 평면과 같다.

④ **모발상태** : 모표피 확인이 힘들만큼 과다한 피지에 젖어 있다. 이물질 등이 피지 분비물에 흡착하여 탄력저하 두피에 밀착되는 현상이 일어난다.

⑤ **피지분비량** : 높고 산화된 피지를 볼 수 있다. 피지산화물 냄새가 난다.

⑥ **수분함량** : 각질층의 수분 20% 이상 존재한다.

⑦ **예민도** : 건성두피에 비해 낮은 편이다.

⑧ **가려움, 염증 정도** : 지성이 심해져서 지루성이 되면 회복기간이 오래 걸리고 세균에 의한 장기적인 현상이 일어나고, 근본적인 피지 밸런스를 맞춰 줘야 한다.

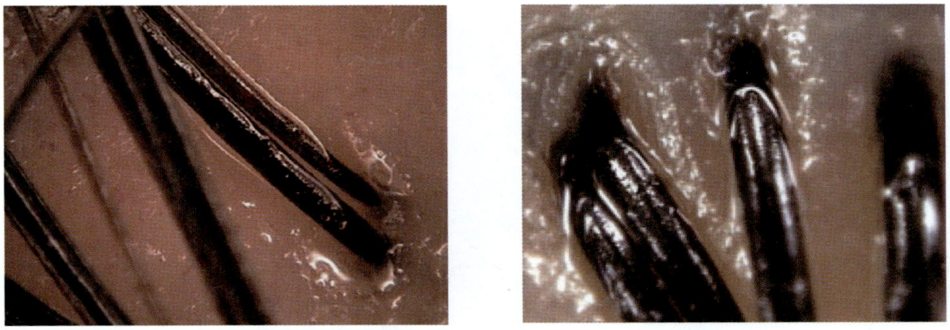

[그림 8-4] 지성두피

4) 비듬성두피(dandruff scalp)

두피의 표피가 각질화한 것으로 묵은 세포가 새로운 세포에 밀려 올라가 두피에 이르러 각질화되는 것을 말하며, 두피로부터 떨어져 나오지 못하고 쌓여있는 형태를 말한다.

비듬의 원인은 두피각질의 건조, 피지분비의 항진과 세균번식, 과다한 피지분비 및 노폐물, 남성호르몬의 분비, 비듬의 이상증식, 호르몬의 불균형, 유전요인, 환경적 요인, 생리적 요인 등에 의해 발생하는 두피유형으로 혼탁한 두피 톤을 유지하고 있으며 연한 살색, 또는 흰색의 우윳빛에 가까운 색상을 띄고 있다. 비듬입자가 작고 무게감이 없으며 두피 당김 현상이 심하게 나타나는 건성비듬과 입자가 크고 무게감이 있으며 쉽게 떨어지지 않고 두피, 모발에 흡착 되어 있는 '지성비듬' 그리고 그 혼합형인 혼합형 비듬이 있다.

(1) 판독 요령

① **비듬상태** : 입자가 작고 연한 흰색, 두께가 얇고, 부스러지기 쉽다.

② **두피톤** : 백색톤으로 모공 주변이 열려 있다.

③ **모공상태** : 비듬이 모공 주변에 다량 존재하여 막혀있다.

④ **모발밀도** : 불규칙적이며 연모화되어 있다.

⑤ **피지분비량** : 두피 피지분비량이 10% 미만으로 적다.

⑥ **노화각질 및 피지 산화물** : 모공주변을 막고 모공주변 각질 들뜸 현상이 보인다.

[그림 8-5] 건성비듬두피

(2) 지성 비듬성두피 판독 요령

① **비듬상태** : 여러 장의 판이 하나로 연결되어 큰 형태의 비듬이다. 피지덩어리로 황색의 비듬이 존재한다.

② **두피톤** : 황색톤으로 불투명이다.

③ **모공상태** : 막혀있다.

④ **모발밀도** : 불규칙적이다.

⑤ **피지분비량** : 20% 이상으로 많다. 비듬과 이물질이 두피존재로 모공을 통한 피지분비가 쉽게 이루어지지 않는다.

⑥ **노화각질 및 피지 산화물** : 눅눅하고 두텁게 존재한다.

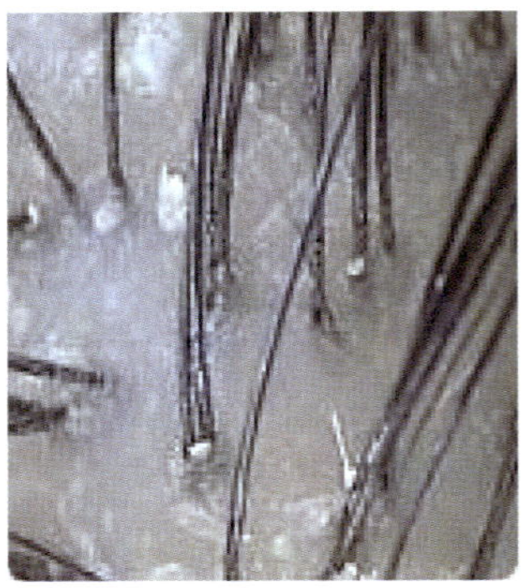

[그림 8-6] 지성 비듬 두피

(3) 비듬의 예방 및 관리

① 스트레스를 줄이고 규칙적인 생활을 한다.

② 머리를 깨끗이 하고 자주 샴푸한다.

③ 비타민 등 영양분 섭취를 한다.

④ 비듬전용샴푸를 사용한다.

5) 예민성두피(sensitive scalp)

모세혈관이 확장되어 있어 외부의 약한 자극에도 따갑거나 발열현상으로 예민하게 반응하는 두피 타입으로 붉은 톤을 띄며 표면에 홍반 및 염증, 또는 가느다란 실핏줄이 육안으로 확인된다. 예민성두피는 건성, 지성, 비듬성두피 등 어느 두피에도 관찰될 수 있으며 세균, 바이러스의 침투에 대한 저항력이 약해서 가려움증이 동반되기도 하며 홍반의 경우 특정 부위에서만 발생하기보다는 확산되거나 모낭염으로 이어지는 경우가 있다.

(1) 판독 요령

① **두피 톤** : 얼룩이 있고 붉은 톤을 띤다. 모세혈관의 충혈을 여러 곳에서 볼 수 있다.

② **각질층** : 각질층의 얇은 두께를 형성한다.

③ **모공상태** : 다양하게 보인다.

④ **모발굵기** : 오래 되면 굵기가 가늘어지고 밀도가 낮다.

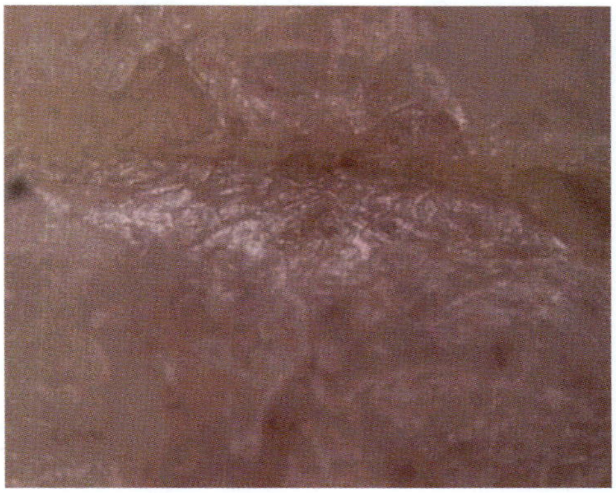

[그림 8-7] 예민성두피

⑤ **노화각질 및 피지 산화물** : 얇은 층으로 구성되어 있으며 타입에 따라 다양하다.

⑥ **예민도** : 가려움, 염증, 홍반을 유발한다.

6) 지루성두피

피지선의 왕성한 활동으로 비듬과 피지가 과다하게 분비되어 염증이 생기는 유형으로 외관상으로는 예민성두피와 지성두피의 혼합형으로 보면 무리가 없다. 남녀노소 누구에게나 생길 수 있는 것으로 재발의 가능성이 높다. 두피 톤은 황색이나 적색에 가깝고 모공은 막혀 있다. 피지분비량은 많으며 염증으로 인해 두피가 붉게 부풀어 오른 형태가 많다. 가려움증을 동반하고 탈모를 촉진하는 상태로 발전하게 된다.

(1) 판독 요령

① **두피톤** : 황색이나 적색으로 보인다.

② **모공상태** : 막혀 있다.

③ **모발탄력도** : 낮다.

④ **예민도** : 균에 의한 염증으로 예민하다.

⑤ **피지분비량** : 많다.

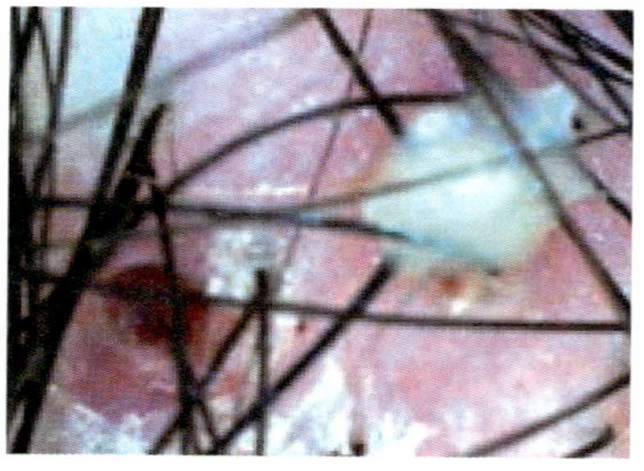

[그림 8-8] 지루성두피

7) 두부백선

일종의 버짐과 같은 형태로 50원 동전 크기의 명확한 이상 경계를 보이며 두피에 발생하는 전염성 피부염이다. 두피톤은 회백색이며 인설이 보이고 모공은 막혀 있다. 각질이 두텁게 존재해 둥근 원형 형태로 특정 부위가 아닌 두상 전체에서 발생 가능하며, 발생 부위에 각질이 과다하게 발생할 수 있고 주로 어린이에게 많이 나타나며 전염성이 있다.

(1) 판독 요령

① **두피톤** : 회백색을 띠며 인설이 보인다.

② **모공상태** : 막혀있다.

③ **각질정도** : 두텁게 존재한다.

④ **진물 및 염증** : 발생형태에 따라 다르나 문제 부위 중심으로 염증이 보인다.

⑤ **버짐의 형태** : 50원 동전크기의 원형으로 나타나며 명확한 경계를 보인다.

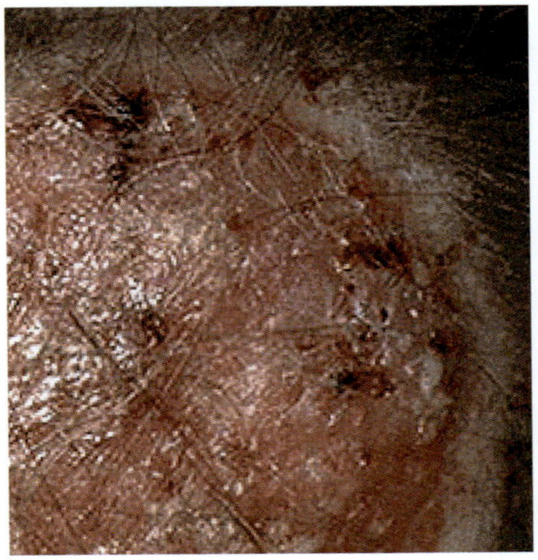

[그림 8-9] 두부백선

8) 두부건선

두피 및 인체에 발생하는 만성 피부질환 중 하나로 표피세포의 빠른 각화과정과 세포분열의 촉진 등으로 두피 전체에 각질이 두텁게 쌓여 은백색의 인설 형태로 이루어져 있다. 연령에 무관하고 기후 및 계절적인 영향을 받는다.

(1) 판독 요령

① **두피톤** : 은백색의 인설이 보인다.

② **모공상태** : 막혀있다.

③ **모발탄력도** : 낮다. 예민, 통증, 염증이 높다.

④ **각질 두께** : 두텁게 쌓여 있다.

⑤ 염증성 탈모 및 연모화 현상이 나타난다.

9) 탈모진행형 두피

탈모가 진행되고 있는 두피상태를 말한다.

(1) 판독 요령

① **모발굵기** : 모발의 굵기는 가늘어 보인다.

② **모발밀도** : 모발의 밀도가 현저히 낮다

③ **모공수** : 정수리 부위에 빈모공수가 보인다.

④ **두피톤** : 피지분비가 과하면 두피가 황색이고 윤기가 난다.

⑤ **모발탄력** : 모발의 탄력이 없어 두피에 밀착되어 보일 수도 있다.

6 두피이상의 원인

두개골의 보호 작용과 모발 생성의 근본인 두피조직은 크게 내적 요인에 의한 손상과 외적 요인에 의한 손상으로 구분한다.

1) 내적 요인에 의한 손상

두피 손상의 원인 중 가장 문제시 되는 부분이며, 동시에 인체에 있어 두피 및 모발의 존재를 알 수 있는 부분이다.

(1) 호르몬 분비 이상

인체에 존재하는 여러 종의 호르몬 중 남성호르몬은 피지선의 피지분비와 매우 밀접한 관계가 있는 호르몬이다.

탈모에 있어서도 '지루성 탈모증'과 '남성형 탈모증'이 동시에 발생하는 경우가 많다.

(2) 식생활

인체의 건강상태와 밀접한 관련이 있는 식생활은 두피에 있어서도 크게 작용하며, 대표적인 것으로 비타민의 결핍, 자극적 음식의 섭취, 인스턴트식품의 섭취 등을 들 수 있다.

Vitamin A의 부족현상은 두피 과각화 현상을 유발하여 두피 건성화의 원인으로 작용하며, 미백 비타민으로 알려진 Vitamin C는 항산화 작용을 하므로 두피를 보호하는 작용을 한다. 또는 두피관리와 연관이 깊은 Vitamin B군은 피지밸런스 조절을 통하여 두피의 유·수분의 밸런스를 맞추어주므로 두피의 지성, 건성화 등에 관여하고 있다.

(3) 소화기관 이상

'위'와 '작은창자'의 기능저하 및 이상변화는 음식물의 소화흡수와 영양분의 세포 내 흡수력을 저하시켜, 두피의 신진대사 기능 저하 및 둔화 등을 가져온다.

(4) 스트레스

스트레스는 인체의 각 기관에 작용하여 기능을 떨어뜨리거나 혹은 문제부위를 악화시키는 작용을 한다. 두피의 경우에는 혈관 수축현상과 스트레스 호르몬의 분비로 인해 두피 영양공급 저해 및 신진대사 기능저하를 가져오며, 또한 심한 경우 원형탈모 및 스트레스성 탈모와 같은 모발의 탈락을 유발하기도 한다.

2) 외적 요인에 의한 손상

(1) 물리적 요인에 의한 손상

브러싱, 샴푸 시 두피자극이나 손톱으로 두피를 긁는 일, 업스타일 시 핀에 의한 자극, 가발의 착용, 세팅 등에 의한 손상이 있을 수 있다.

(2) 화학적 요인에 의한 손상

화학적 손상은 대부분이 두피 예민화와 함께 과각화 현상을 동반하며, 심각한 경우 심재성 모낭염이나 탈모, 절모 등의 형태로 이어진다. 경우에 따라서는 제품사용의 변화만으로도 충분히 회복될 수 있으나, 대부분은 관리에 있어서 상당기간의 시간이 필요하다.

- 펌, 염모제 등 모발 시술제품을 이용한 잦은 시술
- 알칼리성 샴푸제의 사용
- 헤어 스타일링제의 잘못된 사용
- 자외선 및 적외선에 의한 손상
- 잘못된 두피제품의 선택 및 과다 사용
- 지나치게 잦은 두피 스케일링
- 수영장 및 바닷물에 의한 두피 손상 등

(3) 환경적 요인에 의한 손상

- 바람 및 기후
- 계절의 요인
- 연령

신체는 평균적으로 20대 후반을 기준으로 하여 서서히 노화현상을 거치면서 둔화되는 세포분열 현상을 나타내며, 이러한 현상은 피부조직의 각 부속기관에서도 동일시 발생된다. 즉, 나이가 들면서 피지선 및 한선에서의 분비물의 분비저하로 인해 두피 건조화 및 당김 현상이 있다.

- 대기 오염
- 두피 불청결
- 세균, 곰팡이, 바이러스, 모낭염 등에 의한 손상 등이 있다.

7 두피관리 유형

1) 정상두피

현재의 상태를 지속적으로 유지할 수 있도록 하며 노화각질 제거, 유·수분 밸런스 유지에 초점을 맞추어 두피, 모발상태에 따른 제품적용에 최선을 다하도록 한다. 또한 매일 저녁 약산성 샴푸로 세정하고 완전 건조 후 취침하는 노력이 필요하다.

(1) 정상두피란

정상피부처럼 두피의 보습상태가 적절하여 표면에 윤기가 흐르고, 피지 상태가 정상적이어서 번들거리지 않으며, 탄력이 있고 적당한 모세혈관 확장으로 혈색이 좋다. 또한 정상적인 각화작용을 하는 건강한 두피이기 때문에 건성두피, 지성두피, 민감성두피처럼 자연 탈모 외에는 별도의 탈모는 심하지 않다. 특히, 한 개의 모공에 한 방향으로 2~3개의 모발만이 자리 잡고 있는 건강하고 이상적인 두피 형태를 말한다.

(2) 관리법

정상두피라고 하여 관리를 소홀히하면, 단시간 내에 두피의 유형이 지성화, 건성화 될 수 있기 때문에 올바른 두피관리만이 오랫동안 정상두피를 유지할 수가 있다.

- 유·수분의 원활한 공급과 국소혈류 장애를 개선키 위해 두피에 적당한 마사지를 해준다(브러시 사용).
- 두피의 활성화와 안정화를 유지하기 위해 두피강장제를 골고루 도포해 준다.
- 외출할 때는 언제나 자외선 차단제(차단지수 15 정도)를 발라 두피를 보호해준다.
- 샴푸나 세안 시 뜨거운 물과 차가운 물을 피하고 미지근한 미온수를 사용하여 자극을 피한다.
- 지나치게 건조하거나 기름기가 많은 두피케어를 쓰지 않으며, 잦은 미용시술을 하지 않는다(펌, 염색, 블리치, 아이론, 드라이 등).
- 케어제품 선택 시에는 정상두피 전용 제품을 선택하여, 효과적인 수분 및 유분이 되도록 해야 한다.

2) 건성두피

호르몬 밸런스 이상, 과다한 두피 스케일링 및 잦은 샴푸, 드라이가 일반적으로 원인이 되고 있는 건성두피는 관리의 초점을 유·수분 밸런스에 맞추어 관리하는 것이 중요하다. 또한 일반샴푸보다는 기능성 샴푸를 선택하여 시간적 여유가 많은 저녁 시간대에 샴푸하는 것이 중요하다. 피지 조절에 포인트를 두어 마사지와 앰플을 적용하고 강한 열은 금하도록 한다.

(1) 건성두피란

두피가 건조하여 피지분비가 원활하지 못해 두피에 각질 및 비듬이 생성된 형태이거나, 샴푸 후 얼마 지나지 않아 두피가 당기고 가려운 형태, 혹은 2~3일 정도 감지 않아도 두피에 기름때가 확인되지 않을 때를 보통 건성두피라고 한다. 또한 건성두피는 건성피부와 마찬가지로 겨울이 되면 건조함이 더욱 심해지고 저항력이 약해져 상처가 나기 쉽고 피부병이 잘 생기며, 약간의 정전기에도 두피가 가려울 정도로 약해지기도 한다.

(2) 관리법

건성두피란 대체로 모공에서 유·수분이 정상두피보다 적게 분비됨으로써 두피 표면에 기름막이 제대로 형성되지 않아 유·수분 과부족 증상인 피부이다. 따라서 건성두피가 정상두피로 환원되기 위해서는 올바른 두피관리나 식생활 습관은 필수적이다.

- 샴푸와 케어제품 등으로 두피에 적당한 수분을 공급한다.
- 샴푸나 케어제품 등을 통하여 두피의 찌꺼기를 깨끗이 제거한 후 두피마사지 등을 통하여 두피의 혈액 순환을 원활히 한다.
- 케어제품의 선택 시에는 건성두피 전용 제품을 선택하여, 효과적인 수분공급 및 유분을 유지할 수 있도록 해야 한다.
- 두피의 트러블이 발생하기 쉬우므로 손톱 등으로 자극을 주지 않도록 세심한 주의가 필요하다.
- 스티머를 사용하여 두피관리 제품을 사용하게 되면 두피로의 흡수가 용이하므로 스티머를 이용하는 방법도 좋다.
- 집에서 먹다 남은 우유나 베이비오일 등을 샴푸 시 적절히 사용하는 것도 좋다.
- 외출 시 반드시 자외선 차단제를 이용해 최대한 탈수가 되지 않도록 해야 한다.

3) 지성두피

과다한 피지분비와 피지산화물의 잔류로 인한 세균의 이상증식이 문제가 되는 두피 유형으로 피지 분비의 원인을 정확히 체크하는 것이 중요하다. 막힌 모공의 세척과 혈액순환 촉진에 중점을 두어 관리하며 인체 내외의 원인을 해소시키려는 노력이 필요하다. 뜨거운 물로 두피나 모발을 세정하는 것은 금물이며 세정 후 드라이로 가볍게 두피 및 모발을 말려준다.

(1) 지성두피란

민감성두피나 건성두피에 비해 모공 내 피지샘의 과잉활동으로 육안으로 보기에는 번들거리며 기름기가 많거나, 하루만 샴푸하지 않아도 두피에 기름기가 끼거나 심한 악취가 나는 형태, 혹은 샴푸 후 3~4시간 이내에 두피에 기름기가 재확인될 때를 보통 지성두피라 고 한다. 그런데 지성두피는 민감성두피나 건성두피에 비해 반대로 여름이 되면 지성화가 더욱 심해지고, 피지나 유분과다에 따른 먼지와 세균 등으로 두피 트러블이나 탈모 진행속도가 몇 배는 빠르므로 빈번한 샴푸를 요하기도 한다.

(2) 관리법

- 샴푸와 케어제품 등으로 과도한 피지를 깨끗이 제거한다.
- 샴푸나 케어 제품 등을 통하여 두피의 피지 및 찌꺼기를 깨끗이 제거한 후 마사지 등을 통하여 두피의 혈액 순환을 원활히 한다.
- 샴푸를 선택 시에는 지성두피에 맞는 제품을 선택하여 효과적인 피지제거 및 클린싱을 할 수 있도록 해야 한다.
- 수증기를 쐬면 모공 속 피지가 녹고, 죽은 세포층이 제거되면 클렌저로 기름기가 있는 더러움을 제거한 후 다시 샴푸를 한다.
- 마무리는 찬물로 한다.
- 두피 강장제는 두피의 지성화를 더욱더 가중시키므로 되도록 피하는 것이 좋다.
- 지성두피의 경우 세균침투가 용이하므로 세균의 침투를 막기 위해 잦은 샴푸를 해주어야 한다.
- 레몬즙이나 멘톨, 티올 성분이 있는 두피세정제를 사용하는 것도 좋다.

4) 예민성(민감성)두피

예민성두피는 각종 세균의 두피 내 기생 및 화학제품에 의한 두피자극 등이 원인이 되어 피부의 각화주기 이상을 가져오는 유형으로 두피의 청결과 세균번식의 억제 및 전이예방에 포인트를 가지고 관리해야 한다. 저자극성의 식물성 샴푸를 선택하고 뜨거운 스팀타월, 사우나, 자극이 심한 마사지를 삼가야 한다.

(1) 예민성(민감성)두피란

외부에서 약간의 물리적·화학적 자극만 주어도 두피의 유형이 지성화 또는 건성화로 급발전하거나, 육안으로 보기에 면포와 같은 염증성 현상과 알레르기성 증상인 수포현상을 확인할 수 있을 때나 색소침착과 같은 상황인 형태처럼 과민한 반응을 보이는 두피 형태를 보통 민감성두피라고 한다. 또한 민감성두피는 유전적으로 피부가 얇고, 본인은 잘 모르지만 긁을 경우 쉽게 빨갛게 되거나 피가 나기도 하며, 자외선과 같은 환경에 장시간 두피를 노출하였을 경우 물만 닿아도 따갑고, 자극적인 느낌을 갖는다. 이때 지성형 민감성두피는 뾰루지 같은 형태가 두피에 많고, 건성형 민감성두피는 두피가 갈라져 부분적으로 피가 난다.

(2) 관리법

민감성두피는 외부적인 환경요인으로부터 건성두피와 지성두피와는 달리 면역성과 저항력이 매우 낮은 두피이다. 따라서 민감성두피가 정상두피로 환원되기 위해서는 올바른 두피관리가 필수적이겠지만 심한 증상이 발생할 경우 피부과 전문의와 반드시 상의하는 것이 좋다.

- 샴푸와 케어제품 등으로 두피에 적당한 수분을 공급한다.
- 샴푸나 케어제품 등을 통하여 두피의 찌꺼기를 깨끗이 제거한 후 두피 마사지 등을 통하여 두피의 혈액순환을 원활히 한다(자극은 덜 주고 오랜 시간 동안하지 않는다).
- 케어 제품의 선택 시에는 민감성두피 전용 제품을 선택하여 효과적인 수분 및 유분공급이 되도록 해야 한다(해초류 성분의 머드팩이 좋다).
- 두피 트러블이 발생하기 쉬우므로 손톱 등으로 자극을 주지 않도록 세심한 주의가 필요하다.
- 스티머를 사용하여 두피관리제품을 사용하게 되면 두피로의 흡수가 용이하므로 스티머를 이용하는 방법도 좋다.

5) 비듬성두피

과도한 비듬은 두피의 이상을 나타내는 징후이므로 세균 등을 억제하는 특수 관리 등이 필요하다. 건성비듬은 피지가 부족하여 생기는 경우이므로 무리한 세정은 피하며 유·수분의 공급과 비듬균의 증식 억제에 중점을 두어야 한다. 지성비듬의 경우는 과도한 피지 분비가 원인이므로 피지조절과 균에 감염되지 않도록 살균이나 소독에 관심을 가지고 샴푸 후는 세균이 번식하지 못하도록 깨끗이 말린 다음 충분한 수면을 취하도록 한다.

(1) 관리법

- 스트레스를 줄이고 규칙적인 생활을 한다.
- 머리를 깨끗이 하고 자주 감는다.

- 비타민 B2가 풍부한 음식을 섭취한다.
- 비듬전용 약산성 샴푸를 사용한다.
- 일주일에 2~3회 전문제품을 이용해 두피 마사지를 한다.
- 주 1~2회 두피 스케일링을 받는다.
- 비타민 A가 함유된 크림이나 오일을 두피에 소량 도포한다.

6) 탈모진행형 두피

탈모된 부위는 정상적인 두피보다 매우 약하므로 화학성분보다는 식물성의 저자극 샴푸제를 이용하여 샴푸하고 깨끗이 헹구어 준다. 또한 두부 마사지를 충분히 하여 혈액순환이 될 수 있도록 신경을 쓴다.

(1) 관리법

- 지나친 두피마사지는 피지선 및 활성효소의 자극과 모세혈관 충혈 등을 유발하여 두피신진대사를 악화시킬 수 있다.
- 두피상태를 고려하여 샴푸 및 홈케어 실시한다.
- 영양제품은 두피세정을 한 후에 도포한다.
- 영양부족 및 영양 밸런스 이상으로 탈모 현상이 일어날 경우 영양분 섭취를 고르게 한다.
- 어깨근육을 자주 풀어 준다.

(2) 관리 초점

- 최소 3~4개월 이전의 과거 상태를 파악한다. 관리 과정 전에 과거 병력(갑상선질환, 빈혈, 다이어트) 및 과거의 두피상태(염증, 비듬, 지루성, 모낭충 여부 등)에 대하여 체크한다.
- 초기 탈모관리 및 두피 관리가 가장 중요하다.

HAIR
BEAUTY
ART
THEORY

제9장

모발화장품학

1 모발화장품 성분

1) 식물유

식물유, 동물유, 왁스류를 총칭하는 유지의 기능과 작용은 다음과 같다.

① 피부 및 모발에 유연성, 윤활작용 및 광택효과를 부여한다.

② 피부 표면에서의 마찰효과를 부여한다.

③ 피부에 소수성(물에 잘 씻기지 않음) 피막을 형성해 외부 유해물질 침투억제 작용을 한다.

④ 피부표면의 수분증발 억제에 의한 피부건조를 방지한다.

⑤ 자외선 흡수제, 비타민류, 석수(염료) 등 특수성분을 쉽게 녹여 준다.

⑥ 유효성분의 경피흡수(피부흡수)를 촉진한다.

⑦ 염증부위의 표피형성 촉진 작용한다.

(1) 아보카도유(avocado oil)

미국의 캘리포니아, 플로리다 및 아프리카 등지에서 자라는 아보카도 열매의 껍질을 벗기고 종자를 제거해 추출해서 얻어지는 64 ~ 90%의 올레인산(oleic aid)을 주성분으로 하는 불포화 지방산의 글리세라이드이다.

① 효능, 효과, 특성

- 피부조직연화 : 거칠고 탄력 없는 피부조직을 피토스테롤의 작용으로 부드럽게 해주는 작용
- 피부보호작용 : 각질이 일어나며 건성, 지루증세의 피부회복
- 피부재생작용 : 용해성 콜라겐을 활성화시켜 상처 난 피부에 과립을 생성시키고 세포재생을 도와준다.
- 자외선 흡수작용 : 자외선 흡수에 의한 피부보호 작용을 한다.

② 용도

- 각종크림, 유액류(로션) 등의 영양제
- 샴푸, 린스 등의 트리트먼트제로서 우수한 컨디셔닝 효과
- 립스틱, 파운데이션류의 사용감 개선 효과

(2) 밀배아유(wheat germ oil / 밀의 씨눈에서 추출한 오일)

① **효능, 효과, 특성**

- 피부재생 : 건성, 피부노화의 세포재생

② **용도**

- 기초, 색조, 두발화장품에 폭넓게 사용

(3) 로즈힙 오일 (rose hips oil)

남미와 유럽에서 자라는 rose hips에서 얻어지는 오일이다.

① **효능, 효과, 특성**

- 팽윤성(부풀어 오르는) 염증 억제
- 세포조직의 부활화
- 햇빛에 타는 현상과 기미 등 색소 침착 개선 등
- 수분 보유유지 능력
- 나이가 들어감에 따라 피부노화 억제
- 화상, 빈데(수술 후 자국) 등의 치유효과
- 이뇨작용, 모세혈관 강화
- 관절염, 동맥경화 개선

② **용도**

- 오일, 에센스 등의 유상성분 또는 피부영양제
- 화장용 석검의 과지방제
- 유화타입의 욕용제의 유상성분
- 크림류의 영양제(emolient) 등에 폭넓게 사용된다.

(4) 셰어버터(shea butter)

중앙아프리카에서 자라는 shea 종자의 핵으로부터 추출한 상온에서 반고체(융점 33 ~ 42℃) 상태로 유지한다.

① **효능, 효과, 특성**

- 햇빛에 타는데 대한 보호작용 : 계피산 에스테르 함유로 275nm에서 자외선을 최대로 흡수하여 피부보호 한다.
- 항료의 보향제(향을 오래도록 지속시키는 작용)

② **용도**

- 석검, 각종 크림, 메이크업 화장품, 두발용 화장품

(5) 아몬드 오일(almond oil)

지중해 연안과 미국 캘리포니아 지방에서 자라는 잘 익은 아몬드(편도)의 핵에서 추출한 오일이다

① **효능, 효과, 특성**

- 예민성 피부와 유아피부의 유연작용을 한다.

② **용도**

- 유액, 크림, 연고 등의 베이스, 아로마테라피 용도의 베이스 오일이다.

(6) 올리브유(olive oil)

스페인, 이탈리아 등의 지중해 연안이 주산지이며 버찌크기의 올리브 열매 과육에서 채취한다.

① **효능, 효과, 특성**

- 피부표면의 수분증발을 억제한다.
- 사용감촉 향상

② **용도**

- 각종 크림, 마사지오일, 머릿기름, 오일, 계면활성제 원료이다.

(7) 참기름(sesame oil)

참깨 씨를 압출하여 얻는 기름으로 인도가 원산지로 일찍이 중국, 인도, 멕시코, 수단 등의 열대와 온대의 나라에서 재배된다.

① **효능, 효과, 특성**

- 에모리엔트제
- 산화를 방지하고 자외선을 차단시키는 작용물질인 세사몰(깨에 존재하는 lignan류의 하나인 sesamoline이 가수분해되어 얻어지는 항산화성 물질)을 함유하고 있으며 일광 차단제로 주로 사용된다.
- 세살린, 세사몰린 함유로 항산화 작용 및 노화방지 세포재생작용이 있다.

② **용도**

- 크림, 마사지, 오일 연고 베이스
- sun oil의 첨가제
- 두발제품의 베이스

(8) 피마자유(castor oil)

피마자(아주까리)씨를 압축해서 얻는 기름으로 본래부터 점성을 가지고 있는 기름으로 인도, 아프리카 원산으로 브라질 등 온대에서 열대까지 분포되어 있다.

① **효능, 효과, 특성**

- 원래 변비에 대한 관장약으로 사용
- 높은 점성과 부착력으로 피부보호제로서 사용

② **용도**

- 립스틱과 매니큐어의 가소제
- 포마드의 주원료
- 석검의 원료
- 비이온 계면활성제의 원료(가용화에 주로 쓰임)

(9) 동백기름(사상카 오일 : sasanqua oil)

사상카 나무 열매를 압축하여 얻은 기름이다.

① **용도**

- 두발용 화장품베이스
- 각종 크림, 유액, 마사지 오일, 오일의 유상성분
- 각종 연고

(10) 잇꽃기름(safflower oil)

나일강 상류가 원산지로 최대생산지는 멕시코이며 미국, 오스트레일리아, 중국 등에서 생산한다.

① **효능, 효과, 특성**

- 리놀산은 필수 리놀산 결핍 시 유아는 성장의 정지, 피부건조, 박리, 각질화 등이 발생한다.
- 혈청 콜레스테롤의 저하
- 산폐가 잘되는 단점(자체에서 뽑은 식물성 비타민 e는 세포활성 작용이 뛰어나다)

② **용도**

- 식용유
- 에모리엔트제로서 각종 크림류에 사용
- 유상 베이스로서 마사지 오일, 선 오일, 두발용 머릿기름 등에 사용
- 유화제의 원료
- 볶아서 삶은 물을 마시면 부러진 뼈가 잘 붙는다.
- 볶아서 삶은 물은 콜레스테롤 조절 효과가 탁월하다.

(11) 대두유(콩기름 : soybean oil)

올리브유와 같은 용도로 사용되며 올리브유에 비해 안정성이 약간 떨어지며 피부도포 시 자극을 완화시켜 표면을 보호하고 건조를 방지한다.

① **효능, 효과, 특성**

- 피부자극 완화제
- 건조 방지제
- α-토코페롤, γ-토코페롤 함유로 생체기능 성장에 이중 γ-토코페롤은 피부재생용으로 사용할 수 있다.
- 콩에서 뽑은 대두 레시친은 리포좀의 원료물질이다.

② **용도**

- 크림의 유상성분
- 마사지 오일, 두발유, 선 오일, 보디오일

(12) 동백기름(투바키 오일 : tubaki oil)

씨앗의 껍질을 제거하고 압출 정제하여 얻는 기름이다.

① **효능, 효과, 특성**

- 빠지는 머리, 갈라지는 머리등의 방지에 효과
- 기름을 흡수한 모발의 탄력성은 투바키 오일이 가장 좋다.

② **용도**

- 머릿기름, 연고 베이스

(13) 옥수수유(corn oil)

옥수수의 맥아로부터 얻어지는 기름으로 미국, 아르헨티나, 브라질, 유고슬라비아 등의 온대지방에서 재배된다.

① **효능, 효과, 특성**

- 혈중 콜레스테롤 저하
- 옥수수 튀밥, 옥수수수염 등은 신장기능이 떨어진 환자에게 효과적

② **용도**

- 유상 베이스
- 연고 베이스
- 올리브유의 대체

(14) 유채꽃 기름(rafe seed oil)

유채꽃 종자를 압출 정제한 기름

① **효능, 효과, 특성**

- 내한성, 내광성이 우수

② **용도**

- 식용
- 올리브유 대체재
- 연고에 사용

(15) 퍼식오일(persic oil)

아몬드유와 마찬가지로 크림, 마사지 오일, 두발용화장품에 쓰인다.

(16) 면실유(cotton seed oil)

목화씨를 정제해서 얻는 기름으로 중국, 소련, 미국, 인도, 파키스탄 및 브라질이 주산지로 0 ~ 5℃에서 응고, 리놀산의 함량이 많아 산패가 일어나기 쉬움, 포화산 20 ~ 25% 함유로 상온에서 침전 생성한다.

① **용도**

- 아몬드 오일 대체유로 사용
- 바이온 계면활성제의 원료
- 한과 제조 시 면실유 사용(맛과 감촉)

(17) 낙화생유(arachis oil)

인도, 중국, 미국, 아프리카에서 재배되는 땅콩종자를 압출 정제하여 얻은 오일이다.

① **효능, 효과, 특성**

- 피부에 대한 에모리엔트 효과
- 시금치와 땅콩을 함께 먹으면 거의 결석이 생긴다.

② **용도**

- 각종 크림, 마사지오일, 햇볕에 타는데 대한 방지용 제품

(18) 마카다미아넛츠 오일(macadamianuts oil)

오스트레일리아 원산의 마카다미아 종자를 압출 정제한 오일이다.

① **효능, 효과, 특성**

- 사용감이 우수하다.

② **용도**

- 나리싱 크림, 콜드 크림, 마시지 크림, 유액 등 기초화장품의 유상성분이다.

- 선탠오일, 에모리엔트 오일의 베이스이다.
- 헤어케어의 트리트먼트제, 과지방제로서 이용한다.

(19) 카카오 버터(cacao butter)

카카오나무의 씨앗을 압출하여 얻는 지방이며, 가나, 카메룬, 중남미, 동아프리카 등지에서 재배되며 32 ~ 35℃에서 녹는다.

① **용도**
- 생약의 베이스이다
- 립스틱, 크림 등의 베이스이다.

(20) 호호바유(조조바 오일 : jojoba oil)

호호바 종자를 압출하여 정제한 오일로 미국 남서부에서 멕시코 북부 건조지역에서 생산된다.

① **효능, 효과, 특성**
- 원주민에게 피부치료 및 약용목적으로 사용
- 피부도포 시 피지 분비억제, 모발성장 촉진
- 가장 부작용이 적어 립스틱 원료로 많이 사용

② **용도**
- 에모리엔트제로써 유액, 크림 등의 스킨케어 제품
- 립스틱, 파운데이션 등의 메이크업 제품
- 샴푸, 린스

2) 동물유

(1) 거북이 기름(turtle oil)

거북이 껍질 밑의 몸에서 채취한 지방유로 자메이카로부터 북서 200마일 떨어진 그라인도게 마인섬이 산지이다.

① **특징**
- 고도의 불포화산의 함유량이 많아 피부에 좋다.

- 보습성이 좋아 피부침투성이 양호
- 비타민 f를 함유하므로 피부치료에 좋다.
- 거북이 등은 육각구조(장수의 비밀)

② 용도

- 마사지 크림
- 아스트린젠트
- 의약용 연고
- 화상치료약에 사용

(2) 밍크유 (mink oil)

밍크의 피하지방으로부터 얻는 지방유로 멕시코로부터 북극지방까지의 북아메리카가 산지이다.

① 특징

- 피부친화력과 침투력이 우수(약용성분의 침투를 빠르게 한다)
- 매끄러운 감촉과 잘 펴지는 특성(유동파라핀에 비해 3배)
- 에어졸 제품 처방에 적합하다.
- 모발 표면에 얇은 막을 만들어 광택을 부여한다.
- 자외선 흡수효과(225nm에서 최대흡수파장)
- 표면장력이 작아 비듬 탈락은 빠르게 하며 다른 물질과의 상용성이 양호하여 에어졸 처방에 사용(밸브의 막힘을 막아줌)한다.

② 용도

- 각종 크림, 유액, 두발용 화장품

(3) 계란 기름(egg oil)

닭의 계란 난황으로부터 유기용매로 추출하여 얻는 지방유로 인지질을 함유하고 있다.

① 특징

- 난황유를 포함한 인지질과 콜레스테롤은 천연유화제이므로 생체약성분으로 생체에 널리 존재한다.

- 난황유는 유화작용, 항산화작용, 약제의 흡수작용 촉진한다.
- 에모리엔트 효과가 있다.
- 발모효과가 있다.
- 계란 노른자는 독소제거 효과가 있다.

② **용도**

- 모이스처 크림, 마사지유, 모발용 화장품

(4) 양모지(라놀린 : lanolin)

양모에서 추출한 동물성 정제유이다.

① **특징**

- 얇은 막을 형성
- 피부에 대한 침투, 유연효과 우수
- 부작용 가능원료로 정제도에 따른 차이가 심함

② **용도**

- 기초화장품, 메이크업화장품, 두발용화장품 등에 에모리엔트제, 가소제, O/W 유화 안정제, 분산제이다.

(5) EMU 오일

오스트레일리아 원주민이 만병통치약으로 활용(화상, 관절염, 근육통)

① **특성**

- 점막자극을 비롯하여 모든 피부부작용이 없음
- 피부 깊숙이 침투하지만 부작용이 없고, 정제오일은 민감성 피부에서도 부작용이 없다.
- 항염증 효과 : 태양열에 의한 화상, 상처, 관절통 및 근육통에 의한 부기 제거를 한다.
- 비여드름제 : 모공을 막지 않고 피부에 흡수되어 여드름 방지한다.
- 건성피부치료, 노화방지, 손발 톱 재생, 색소침착 개선, 튼살 예방을 한다.
- AHA의 효과증대

3) 왁스류

왁스류는 화학구조상 고급지방산과 고급알코올의 에스테르로 주사용 목적은 립스틱 등을 고체화시켜 광택을 부여하고 사용감을 향상시킨다.

(1) 카르나우바 왁스(carnauba wax)

높이 약 10m 정도의 브라질산 카르나우바 야자의 분비물, 잎을 건조한 것을 모아 열탕에 투입 여과하여 냉각해서 얻는 왁스이다.

① **특징**

- 식물왁스 중에서 융점이 가장 높다(80~86℃).
- 광택성, 강한 정도, 굳기, 미결정성 등이 식물계 왁스이다.

② **용도**

- 립스틱의 온도내성, 광택내기의 목적
- 크림류, 탈모왁스, 탈취스틱 등 경도 있는 제품에 사용한다.

(2) 칸데릴라 왁스(candelilla wax)

멕시코 북서부, 미국 텍사스 등의 온도차가 심하고 비가 없는 건조한 고온지대에서 자라는 칸데릴라라는 식물에서 채취한 왁스이다.

① **특징**

- 굳기 증대를 목적
- 융점 : 68~72℃

② **용도**

- 립스틱, 치크의 내온도성 향상
- 광택제, 방수제

(3) 밀납(bees wax)

유럽, 아프리카, 북미, 중국, 인도네시아, 인도 등지에서 기르는 벌꿀의 집을 압출 정제한 왁스이다.

① 특성

- 성형이 쉽고 감촉이 부드러우면서도 융점을 높게 하기 때문에 립스틱에 사용한다.
- 동양계 밀납성분은 서양계에서는 없는 글리세라이드를 함유하고 세릴알코올 등의 C_{30}보다 저급 알코올이 많고 유리산이 적다.
- 융점 : 60~67℃

② **용도**

- 붕소와 병용해서 유화제로서 콜드크림에 사용, 립스틱, 탈모왁스, 유액, 포마드 등의 유상원료로 쓰인다.

(4) 경납(supermaceti)

향유 고래의 머리 부분을 정제한 왁스이다.

① **특성**

- 피부에 유연효과
- 융점 : 42~50℃

② **용도**

- 각종 크림의 광택개량 및 증점에 사용
- 립스틱
- 포마드, 연고

(5) 라놀린(lanolin)

양모로부터 정제한 왁스이다.

① **특성**

- 피부친화성, 부착성, 습윤성이 풍부하다.
- 물을 잡는 능력이 우수하다.
- 유화력도 우수하다.
- 색조, 냄새 및 끈적임의 단점이 있어 직접 화장품에 사용하는 일은 드물다.
- 융점 : 37~43℃

② **용도**

- 크림, 립스틱
- 정제
- 샴푸, 웨이브로션, 헤어오일

(6) 경화피마자유(hydrogenated caster oil)

피마자유에 수소를 첨가해서 얻는 왁스상 고체이다.

① **용도**

- 아이라이너, 아이섀도, 마스카라

(7) 경화라놀린(hydrogenated lanolin)

라놀린에 수소를 첨가해서 얻은 왁스상 고체이다.

① **용도**

유화제, 보수제, 에모리엔트제

※ 수소첨가반응 (경화법)

- hydrogenated의 뜻 : 오일류에 수소(h$_2$)를 첨가시키면 반죽상태나 왁스형태를 이루는데 이것을 수소 첨가화(hydrogenated) 라고 한다.

(8) 목랍(japan wax)

일본 검양 옻나무의 열매에서 얻은 왁스로 일본이 주산지이다.

① **용도**

- 포마드
- 치크
- 립스틱
- 두발용 원료
- 펜슬류의 주원료(japan wax의 품질에 따라서 발분 정도의 차이가 있다)

(9) 우지(beef wax)

소의 지방에 물을 가해서 얻는 지방이다.

① **특성**

- 비교적 융점이 높아 액상유의 융점조정제이다.
- 감촉개량제로 사용
- 융점 : 50~53.5℃

② **용도**

- 석검의 원료, 연고베이스
- 수소 첨가한 것은 유화제, 가용화제에 이용하는 계면활성제의 원료이다.

(10) 돼지지방(lard)

돼지, 신장지방, 배 등의 피하지방 및 고기에서 얻는 지방이다.

① **특성**

- 융점 : 36~42℃

② **용도**

- 연고 등의 베이스

* 여드름과 오일류의 상관관계

일반적으로 돼지고기, 닭고기를 제외한 소고기는 여드름에 직접적인 영향을 끼치지 않는다고 되어 있지만 고배율 현미경으로 고기를 먹은 후를 관찰하면 혈액 속에서 볼 수 있다.

2 모발화장품 종류

1) 모발 세정제

(1) 샴푸(shampoo)

샴푸(shampoo)는 힌두어인(champoo)를 어원으로 하고 있으며 '마사지하다', '주무르다', '매만지다', '주무르다', '씻다'라는 뜻이 있다.

샴푸는 모발이나 두피의 세정을 뜻하는데 고객에게 행하는 최초의 서비스이고 헤어스타일을 만들기 위한 기본적인 행위이다. 그러므로 모발 타입에 맞는 질이 좋은 샴푸를 사용하여 가치를 높여야 한다.

두피에는 수많은 모발이 밀집되어 있다 동양인은 대략 10만 개의 모발이 있다. 이 두피에서 분비된 피지, 땀 그 밖의 죽은 각질, 먼지, 헤어제품 등이 서로 뒤섞여 시간이 지나면 악취를 내고 만일 이와 같은 상태를 방치하면 두피에 세균이 번식하여 피지나 그 밖의 유기물을 분해하기 때문에 두피가 가렵고 비듬이 생기며 모발의 윤기도 상실할 수 있다. 따라서 무엇보다 이러한 상태가 오래 지속되면 탈모의 원인이 될 수 있다 이런 이유로 우리는 샴푸를 꼭 해야 한다.

모발 및 두피의 오염에는 두피상에서 분비되고 있는 피지, 땀의 노폐물, 과잉의 각질, 먼지 등의 외부에서 부착되는 물질, 일정한 역할을 마친 두발용 화장품의 잔류물 등이 있다.

① 샴푸제 조건

- 샴푸 후 잘 헹구어질 것
- 모발에 광택 및 유연성을 줄 것
- 일정한 점도를 유지 할 것
- 세발 후 정전기를 띠지 않을 것
- 강한 향을 발산하지 말고 향기로울 것
- 강알칼리, 강산은 피할 것
- 적당한 세정력을 가질 것
- Creamy하고 풍부한 지속성이 있는 거품이 일어날 것
- 샴푸 중 마찰에 의한 손상으로부터 모발을 보호하는 것
- 두피, 모발 및 눈에 대한 안전성이 높을 것

(2) 린스

린스는 원래 '씻는다', '행구다'라는 의미. 보통 샴푸 후에 사용해서 모발의 표면을 보호하고 탄력 있고 부드러우며 촉촉한 모발로 정돈하는 것이 목적이다.

요즘은 샴푸의 성능이 예전에 비해 많이 좋아졌지만 아무리 좋은 샴푸라도 샴푸의 세정작용에 의해 머릿결의 유분이 부족해지고 쉽게 부석부석해지게 된다. 또 빗질하기도 힘들 뿐 아니라 손상되기 쉽기 때문에 유성 성분을 머리에 공급하고 브러싱에 의한 정전기도 방지하기 위해 린스가 꼭 필요한 것이다.

린스는 모발이 적당량의 수분을 유지하도록 보호막을 형성하며 정전기 발생을 방지한다. 린스의 영양물질이 모발 표면을 감싸주므로 윤기와 부드러움을 준다. 린스는 샴푸 후 충분히 헹군 다음 사용한다. 모발 전체에 골고루 펴 바른 후 마사지하듯이 문지르고 브러시를 이용하여 빗어준다. 린스는 너무 많은 양을 사용하면 모발에 부담이 되므로 적당한 양을 사용한다. 만약 두피에 상처가 있거나 피부 트러블이 있을 때에는 사용을 피하는 것이 좋다.

2) 육모제

육모제는 알코올 수용액에 각종의 약효성분을 첨가한 외용제로, 두피의 기능을 정상화하고 두피의 혈액순환을 양호하게 하여 모낭의 기능을 높임으로서 발모, 육모촉진, 탈모방지, 비듬 가려움 방지효과를 갖는 것이다.

육모제는 두발의 성장을 촉진하고 자극하는 적극적인 효능을 갖는 면에서 화장품 중에서는 특이한 제품이다. 그러나 실로 획기적인 육모제의 개발에는 발모와 탈모의 실질적인 효과를 가진 약제의 개발, 인체에 대한 과학적인 효과실증이 필요하다.

3) 퍼머넌트 웨이브제

직모 또는 곱슬모발을 원하는 웨이브 스타일을 만들기 쉽게 연출하기 위해 사용하는 제품이다.

(1) 퍼머제의 조성

① 1제

- 환원제 : 치오글리콜산, 치오글리콜산암모늄, l-시스테인, 이-시스테인, 아세틸 시스테인 등이 있다.
- 알칼리제 : 암모니아, 모노에탄올아민, 탄산수소암모늄

- 첨가제 : 안정제, 킬레이트제, pH 조정제, 계면활성제, 트리트먼트제

◆ 알칼리제 작용 : 알칼리제는 환원제의 작용을 활발하게 만든다.

〈알칼리제의 차이에 따른 콜드계 1제의 특성〉

암모니아계 암모니아수	◆ 휘발성 : 자극 향이 강하다. 알칼리 잔류가 적다. ◆ 오버 타임 : 손가락으로의 자극이 적다. ◆ 배합량에 따라 pH 상승이 현저하므로 형성력이 강하다.
아민계 모노에탄올아민 트리에탄올아민 등	◆ 불휘발성 : 자극 향이 적다. 알칼리 잔류가 많다 ◆ 오버 타임 : 손가락으로의 자극을 배려할 필요가 있다. 배합량에 따라 pH 상승이 현저하므로 웨이브 형성이 강하다.
중성염계 탄산수소암모늄 중탄산암모늄 등	◆ 불발휘성 : 자극 향이 적다. 알칼리 잔류가 많다. ◆ 오버 타임은 비교적 적다. ◆ 배합량을 증가해도 pH 상승이 어려우므로 웨이브 형성이 약하다.

② 2제

- 산화제 : 취소산나트륨, 취소산칼륨, 과산화수소
- 첨가제 : pH제와의 상승효과를 가져다주는 배합성분이 사용된다.

◆ 산화제의 역할 종류

1제에 의해 잘라진 시스틴 결합을 재결합시키는 작용. 형태를 고정, 유지시켜주는 작용 브롬산 타입이 일반적으로 많이 사용되고 있다.

4) 염모제 종류

(1) 일시적 염모제

일시적 염모제로 순간적 염색이나 부분 염색을 위해 사용한다.

에어졸로된 것을 스프레이, 디스펜서로 된 것을 미스트라 정의하지만 이러한 정의에 꼭 맞지 않는 상품명도 있다.

주성분은 안료와 피막 형성제로 여기에 고급 알코올 등을 배합하여 적절한 가소성을 부여하기도 하며, 실리콘오일 등으로 광택을 부여한다.

컬러스프레이, 컬러왁스 등이 있다.

(2) 반영구적 염모제

반영구적인 염색으로 코팅컬러, 산성컬러가 여기 속하며 제1제만으로 구성되어서 직접 컬러(direct color)라고도 한다.

① **특징**

- 염색 도포 후 4~6주 정도 지속된다.
- 밝은 색으로 변환이 되지 않는다.
- 염색분자 입자가 작은 분자, 큰 분자가 혼합되어 작은 분자는 큐티클 안에 침투하여 조금 오래 간다.

(3) 준영구적 염모제

암모니아가 없는 산화염모제, 중성컬러라고도 함, pH는 6~8정도, 다운전용이다.

① **특징**

- 색상은 6~8주 정도 지속된다.
- 제1제와 2제를 혼합해서 사용
- 백모 커버는 50% 정도
- 산화제(3%) 와 암모니아가 약하여 탈색작용은 활발하지 않아 모발은 밝아지지 않는다.
- 컬러 작용은 색조만, 어둡게 염색되며 밝게는 할 수 없다.

(4) 영구적 염모제

산화염모제, 알칼리염모제. pH는 9~10 정도이다.

① **특징**

- 1제인 염모제와 2제의 산화제의 혼합으로 사용
- 지속력은 영구적이다.
- 백모커버율은 100%이다.
- 1제에 암모니아를 함유한다.

(5) 탈색제

탈색제는 모발 중의 멜라닌색소를 산화 분해하여 모발을 탈색하는 것이다.

2화합물 형식의 것이 많으며, 1제 화합물에 알칼리제, 2제 화합물에는 과산화수소수가 배합되며 사용 시 혼합한다.

강력한 블리치제로서 부스터(촉진제)를 첨가하고, 피로아황산소다를 1제 화합물에 넣어 산화환원의 반응열을 이용하는 형식도 있다.

(6) 헤어 매니큐어

음이온을 형성하는 색소(산성 직접염료)를 사용하여 모발의 양이온 아미노산과 결합시키는 이온결합을 이용한 염색이다.

기존의 산성컬러의 단점인 물빠짐을 개선하여 헤어메니큐어라는 이름으로 상품화되었다.

산화형 염모제의 단점인 모발손상과, 원색에 가까운 염색 결과를 얻는 데 탁월한 효능을 갖고 있다.

(7) 트리트먼트제

사용목적에 따른 분류를 보면 모발의 건강을 유지하고 손상으로부터 예방하기 위해 아침, 저녁의 머리손질에 사용하는 treatment제, 손상모의 진행을 방지하고 회복시키는 treatment제, permanent wave나 hair coloring 등을 시술할 때 손상부에 도포하여 약제로부터 모발을 보호하기 위한 pre treatment제, 일광의 자외선에 의한 모발의 단백질이나 염색모의 퇴색을 방지하기 위한 자외선 흡수제 등을 배합한 treatment제 등이 있다. 종류로는 헤어컨디셔나 헤어팩, 헤어 오일 , 크림 등 다양하다.

(8) 스타일링제

모발 시술 후 원하는 모양으로 스타일을 연출할 때 모발의 세팅과 정리, 정돈을 위해 사용하고, 모발 보호 효과도 있다. 종류로는 무스, 왁스, 스프레이, 헤어미스트, 헤어 클레이즈, 젤 등 다양하다.

HAIR BEAUTY
ART THEORY

II

이용학

HAIR BEAUTY ART THEORY

제1장

이용 이론

1 이용 개요

"공중위생영업"이라 함은 다수인을 대상으로 위생관리서비스를 제공하는 영업으로서 숙박업·목욕장업·이용업·미용업·세탁업·위생관리용역업을 말한다.

"이용업"이라 함은 손님의 머리카락 또는 수염을 깎거나 다듬는 등의 방법으로 손님의 용모를 단정하게 하는 영업을 말한다.

이용사의 업무범위는 이발·아이론·면도·머리피부손질·머리카락염색 및 머리감기로 한다.

2 이용의 특수성

사람이라는 대상의 모발을 여러 테크닉으로 시술하여야 함으로 시술에 있어 제한점이 있다.

(1) 미용전문가라고 하여 시술자 의지 데로 스타일을 표현 할 수 없다. 고객이 만족하는 스타일을 표현해야 하기 때문이다. 이를 위해서는 서로 대화를 해야 한다.

(2) 이용은 실제이고 실용이여서 사람의 모발에 시술을 하여야 함으로 과다한 장식을 할 수 없는 소재의 선정 제한이 따른다.

(3) 이용은 고객의 종합적인 면을 관찰하고 의사소통을 통해 고객의 요구, 평소 스타일을 파악하여 시술해야 함으로 소재 변화에 제한이 있고, 이용· 미용은 토탈코디네이션 개념에서 홀로 독자적으로 표현되어서는 적절하지 않은 이용전문가로의 창작력에 제한을 받는다.

(4) 이용 시술에 있어 적정한 시간에 시술을 마무리 하여야 하는 시간적 제제를 받는다. 하루 종일 시술을 할 수 없기 때문이다.

3 이용사의 자세

(1) 항상 개인위생에 신경 쓰고 청결해야 한다.

(2) 성실한 자세로 이용도구 등 소독을 실시한다.

(3) 법적인 틀에서 영업을 하여야 한다.

(4) 필요한 기구와 법적으로 비치해야할 기구들을 비치한다.

(5) 고객과의 대화 시 서비스업이므로 친절하게 대한다.

HAIR BEAUTY ART THEORY

HAIR
BEAUTY
ART
THEORY

제2장

이용의 역사

1 고대 이용 역사

1) 상고시대(B.C 10세기경)

단군원년부터 머리카락을 땋고 늘였던 머리를 한데 뭉쳐 머리꼭데기에 둥글게 묶는 상투와 유사한 형태로 발전하였다. 상투의 수발법은 대전에서 출토된 청동기에서 볼 수 있으며 남자는 상투를 하고, 미혼 남자는 피발(머리카락을 풀어 헤치는 것)한 모습이다. 제2세 단군부루는 계묘3년에 조서를 내려 백성들로 하여금 머리카락을 땋아서 목을 덮도록 하고 푸른 옷을 입게 하였다.

2) 삼국시대

(1) 고구려(B.C 37 ~ A.D 668)

고분벽화를 통해 살펴보면 우리고유 양식과 외래 양식으로 구별되며 아주 다양한 양상을 보여준다. '북사'에서는 그 사람들은 깨끗한 것을 좋아하고 수발도 당연히 행하였을 거고, '구당서'와 '삼국사기'에 추계(상투)에 대한 내용이 있다. 남자의 상투는 외상투가 보편적이었고, 집안에서는 쌍상투를 한 문지기 장수를 볼수 있다.

(2) 백제((B.C 18 ~ A.D 660)

일찍이 남조문화를 수입하여 고유문화 속에 찬란한 문화를 형성하였다. 이렇게 독특한 문화양상을 띤 백제사회에서는 머리모양에 의해 기혼, 미혼의 구별을 하였다.

(3) 신라(B.C 57 ~ A.D 668)

남자의 두발형태는 소인은 결발(쪽을 지거나 상투를 틈), 대인은 상투계형이었다.

또한 관모로서는 금관, 비관을 신라 법흥왕 때 관리들이 공사에 참여할 때 쓰는 관이다. '신당서'에는 '남자는 머리를 잘라서 팔고 흑건슬 썼다'라는 것을 알 수 있다.

3) 통일신라시대(A.D 669 ~ 935)

중국복식의 영향은 통일신라시대에 들어와서 결정적인 것이 되어 남성의 머리형은 신라시대와 같은 것으로 보이나 복두와 같은 새로운 과모를 쓰게 되었고 화려한 왕의 금관도 보인다. 흥덕왕 9년에 내린 의관제도의 금제 중세는 복두가 모든 계급 남자들의 쓰개로 규정되어 있다.

4) 고려시대(918~1392년)

충렬왕 이후 근100여년 간 몽고의 영향으로 머리 모양이 바뀌게 되었는데 대표적인 것은 남자의 개체 변발로써 머리가운데 윗부분의 머리카락만 남겨 놓고 땋고, 나머지는 다 깎아 버리는 머리 형태이다. 그러나 개체 변발을 한 사람은 궁에 사는 왕족과 신하들, 백성의 일부였을 것이고, 그 후 본래의 고유한 수발양식인 상투와 얹은머리로 돌아왔다.

2 근 · 현대 이용 역사

우리나라는 댕기머리, 상투머리를 유지하다가 대한제국 황제 1895년 11월 15일(고종 32년) 때 머리를 짧게 자르도록 한 단발령(斷髮令)이 시초였다. 단발령을 내려 상투를 트는 풍습을 없애려고 정부에서 체두관(剃頭官)을 방방곡곡으로 보내어 강제적으로 머리 상투를 잘랐다. 일본은 을미사변을 일으켰고 이 사건을 처리한 김홍집 내각은 을미사변이 발생한 지 3개월 뒤 단발령을 공포하였다. 단발령을 계기로 이용사가 시작되었고 새로 생겨난 직업이 "개화당제조소"라는 하이컬러 장사였다. 지금의 이발소를 말한다. 최초의 이용사인 안종호는 당하관 벼슬인 군수였으나 황제의 전속 이발사로 발탁외면서 정상품 당상관으로 승진하면서 광화문근처에 태성이발소를 개업했다.

한국인이 운영하는 최초 이발소는 1901년 인사동 조선 극장터에 유양호가 개업한 '동호이발소'였다.

- 전국이용사총연합회와 대한미용협회가 1946년과 1957년에 창립되면서 이·미용업이 더욱 활성화되었다. 본격적인 이용 교육은 6.25사변 이후 사회가 급격하게 변하면서 사설학원과 기술학교가 생겨나면서 시작 되었다.
- 1960년 10월 15일에 보건사회부의 지시에 따라 경찰국의 위생반과 단속반이 담당했던 위생사무 일체를 서울시 사회국 위생과로 이관하였다.
- 1961년 5월에는 내무부, 시청위생과, 구청사회과, 경찰서보안과에서 담당했던 미용관장업무를 보사부에서 관장하기 시작하였고, 12월 5일에는 이·미용사법이 공포되었다.
- 1962년에는 이발소 22곳이 영업정지 처분을 받았다.
- 1966년 7월에는 서울 시내 전체 이발소와 미용실에 대한 안전도 검사가 실시되었다.
- 1967년 말의 이발 요금은 130원이였고, 1968년 협정요금 위반 업소로 이발관 1곳이 영업정지 처분을 받았다.

- 1970년대는 히피문화의 영향을 받아 장발, 미니스커트, 진, 통기타 등이 유행이었다. '장발'이란 남자의 옆머리가 귀를 덮는 정도의 길이를 의미한다.
- 1972년에는 장발족의 유흥업소 출입을 자체정화라는 이유로 금지시켰다.
- 1970년대에는 여성들이 다양한 스타일을 연출하고 유행에 민감한 미용실을 선호하게 되었다.
- 1970년대 말에는 이발소가 25,103개로 14,114개였던 미용실보다 많았으나, 1985년에는 미용실수가 42,081개로 28,298개인 이발소보다 많았다.
- 1986년에는 이·미용사법이 폐지되고 공중위생법이 제정·공포되었다. 업무를 9개로 확정하였다.
- 1990년에는 미용실 개설시 신고제를 허가제로 변경하였다.
- 1990년대는 이용업계의 제 도약을 위해 신기술을 개발하고 시설 보완 등, 남성전용미용실이 등장하였다.

HAIR BEAUTY ART THEORY

제3장

이용도구

❶ 가위(cutting scissors)

모발을 커트하는 데 가장 많이 사용되는 주요 도구이다. 가위 길이가 4~7인치까지로 종류는 다양하다. 길이가 짧을수록 섬세한 커트를 할 수 있고 길수록 빠르게 시술 할 수 있다. 커트 단면이 직선인 블론트 커트, 커트면이 직선이 아닌 포인트 커트, 짧은 머리카락을 커트해가는 싱글링 시 사용한다.

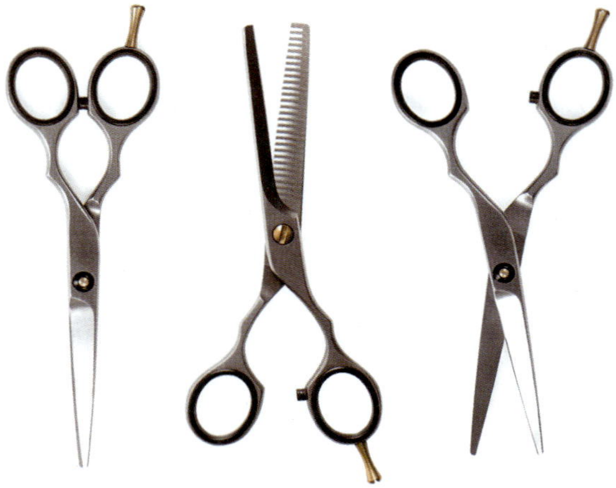

[그림 3-1] 커트가위와 틴닝가위

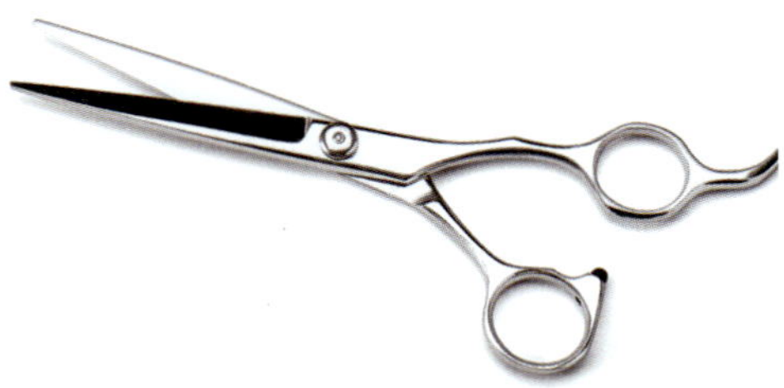

[그림 3-2] 장 가위

1) 미용가위의 종류

① **커트용 가위** : 모발의 길이를 자르고 커트 선을 정리하는 데 사용한다.

② **틴닝**(숱) **가위** : 모발의 양을 조절하여 헤어스타일의 질감을 표현한다.

③ **리버스 가위** : 레저 날을 끼워 사용하는 가위이다.

❷ 드라이어

커트 등의 시술이 끝난 후에 사용한다. 드라이기는 샴푸 후 젖은 모발을 건조시키거나, 모류의 방향과 볼륨감을 주며, 다양한 웨이브 스타일을 연출할 때 사용한다. 이때 차가운 바람과, 열을 가한 더운 바람을 사용한다. 블로우 드라이의 원리는 모발의 측쇄결합 중 수수결합과 관련이 있는데 물을 모발에 분무하면 모발의 측쇄결합이 절단되고 다시 모발이 건조되면서 측쇄결합이 결합함을 이용하여 모발의 방향, 볼륨감, 웨이브를 연출한다.

❸ 아이론

아이론(iron)은 1875년 프랑스의 마르셀 그라토(marcel gurateau : 1852~1936)가 '마셀 아이롱과 그 사용법'을 발표한데서부터 시작되었다. 아이롱의 원리는 열과 아이롱의 형에 따라 컬이나, 웨이브를 연출한다. 남자의 짧을 머리에 웨이브를 연출할 때 사용한다. 이때 열을 이용하므로 화학 처리된 모발에 사용하면 심각한 손상을 줄 수 있으므로 주의해야 한다.

HAIR BEAUTY ART THEORY

HAIR BEAUTY ART THEORY

제4장

세발술

이용에서는 샴푸 시술을 세발이라고 칭한다. 세발(샴푸/shampoo)의 어원은 힌두어인 'champoo'에서 기원되었으면 사전적 의미로는 '비누나 샴푸를 이용하여 머리를 감다, 씻다, 마사지하다'라는 뜻으로 이·미용실에서 고객에게 행하는 최초의 서비스이고, 헤어스타일을 만들기 위한 가장 기본적인 행위로 모발과 두피의 세정의 뜻한다.

세발의 목적은 모발은 먼지, 때, 두발화장품, 땀, 피지 등으로 항상 불결해지기 쉬우므로 탈모가 발생되거나, 각종질병을 유발시킬 수 있다. 따라서 각종 질병을 예방하고 두피의 혈액순환을 원활하게 하며 건강한 모발을 유지하기 위해 샴푸를 실시한다. 샴푸는 크게 두 가지 목적으로 분류하면 첫째 모발의 때를 제거하는 것이고, 둘째 두피를 청결하게 관리하는 것이다.

1 세발 작용

(1) 표면장력 : 계면활성제의 커다란 작용의 하나는 표면장력 저하 작용이다.

표면장력이란 예를 들어 컵에 물을 가득 따를 경우 조금 부풀어 올라도 넘치지 않은 현상으로 액체의 표면이 위축되는 힘이다. 이 때문에 어느 물질을 물에 적시려고 해도 잘 젖지 않은 경우가 있다. 그런데 계면활성제가 이 힘을 저하시킨다.

(2) 습윤작용 : 젖는 것을 말한다. 습기가 많아지게 한다.

(3) 침투작용 : 골고루 스며들게 하고 물체의 작은 구멍에도 잘 들어가게 한다.

(4) 가용화작용 : 유성물질(유지분자)의 주위에 계면활성제의 분자가 친수기 외측으로 둘러싸여 용해한다. 이 역할을 가용화라 한다. 활성제는 친수성이 높은 것을 사용하고 가용화 된 유지는 작은 입자가 되어 완전히 수중에 분산되고 용액은 반투명하게 한다.

(5) 미셀 : 가용화 되어서 계면활성제가 친수기 외측으로 둘러싸고 있어 이분자의 집단이 마치1개의 분자와 같이 물에 용해된 것처럼 된다. 이러한 분자의 집합체를 미셀이라 한다.

(6) 미셀의 한계 농도 : 미셀을 만드는 것은 계면활성제의 농도에 따른다. 이것이 미셀한계 농도이다.

샴푸의 경우에는, 모발에 부착되어 있는 기름을 활성제가 둘러싸고 모발에서 분리시켜 물 쪽으로 이동시키지 않으면 안 되기 때문에 어느 정도의 농도가 어떻게든 필요하다.

2 샴푸제의 종류

샴푸제는 사용목적에 따라 크게 4가지로 분류할 수 있다. 첫째 두피나 모발의 때를 가볍게 제거하는 플레인 샴푸, 둘째 모발이나 두피의 건강을 유지하기 위한 트리트먼트 샴푸, 셋째 모발의 특수관리를 목적으로 실시하는 스페셜 샴푸, 넷째 드라이 샴푸 등으로 분류된다.

(1) 일반 샴푸(general shampoo)

모발 및 두피를 청결하게 하는 것을 목적으로 실시하며, 가볍게 브러싱한 후 두피의 먼지나 때를 제거한다. 이때 모발에 심하게 마찰을 가하거나 부비지 않도록 하며 두피에 상처가 나지 않도록 주의한다. 모발에 샴푸제가 남지 않도록 충분히 헹구어 주고 린스를 사용할 때는 모발에만 도포하여 두피에는 닿지 않도록 한다.

① **프리 샴푸**(pre-shampoo)

손바닥에 1티스푼가량 샴푸를 덜어낸다. 샴푸를 바로 머리에 묻힐 경우 정량보다 더 많은 양을 사용하기 쉬우니 반드시 손에 덜어 사용해야 한다.

일단 머리를 세 부분으로 나누어 샴푸를 모발에 묻힌다. 손에서 거품을 낸 뒤 한 번에 문지르면 샴푸가 골고루 묻지 않고 뭉칠 수 있다. 두피 부분과 모발 부분을 나눈 다음 두피 부분부터 손바닥으로 힘을 줘서 문지른다.

② **플레인 샴푸**(plain-shampoo)

미지근한 흐르는 물에 모근부터 씻어낸 다음 손바닥에 5백원짜리 동전 크기 정도의 샴푸를 덜어낸다.

샴푸의 거품을 충분히 낸 후 손가락 끝으로 두피 전체를 골고루 꾹꾹 누르면 세정 효과뿐 아니라 마사지 효과까지 얻을 수 있다. 그 다음 머리카락을 모아 가볍게 손에 쥔 채 반복해서 주무른다. 손으로 비비거나 문지르면 모발이 상할 수 있으니 삼가는 것이 좋다. 손가락을 머릿속에 집어넣고 손가락 끝으로 목덜미부터 이마까지 반복해서 쓸어내리며 거품을 낸다.

(2) 드라이 샴푸

모발이 젖은 상태로 샴푸를 할 수 없는 환자 등에 하는 샴푸이다.

① **분말샴푸**

산성 백토에 카올린, 탄산마그네슘, 붕사 등을 혼합해서 사용한다.

② **에그 분말 샴푸**

달걀의 흰자를 이용하여 모발에 발라 건조시킨 후 빗질한다.

③ **토닉 샴푸**

헤어 토닉을 이용하여 모발을 세정한다.

④ **리퀴드 드라이 샴푸**

벤젠, 알코올 등으로 헤어피스, 위그를 세정하는 데 사용하며 솜에 용액을 묻혀 닦아내거나 용액에 12시간 담가 두었다가 타월로 닦은 후 건조시킨다.

3 린스

1) 린스제의 작용

모발 전체에 골고루 펴 바른 후 마사지하듯이 문지르고 브러시를 이용하여 빗어준다. 린스는 너무 많은 양을 사용하면 모발에 부담이 되므로 적당한 양을 사용한다. 만약 두피에 상처가 있거나 피부 트러블이 있을 때에는 사용을 피하는 것이 좋다.

① 린스는 모발이 적당량의 수분을 유지하도록 보호막을 형성한다.

② 린스의 영양물질이 모발 표면을 감싸주므로 윤기와 부드러움을 준다.

③ 정전기 발생을 방지한다.

2) 린스제의 종류

(1) 플레인 린스

린스제를 사용하지 않고 미지근한 물로 헹궈내는 방법으로 퍼머넌트 웨이브나 헤어컬러링 시술 전에 시술하는 방법이다.

(2) 산성린스

퍼머넌트 웨이브, 헤어컬러링, 헤어블리치 시술 후에 알카리화 된 모발을 중화시키는 효과를 위해 사용되며 모발의 pH 균형을 조절한다. 하지만 산성린스는 표백작용의 우려가 있으므로 장기간 사용하는 것은 바람직하지 못하다

(3) 특수린스

헤어컬러링 후 탈색작용을 방지하기 위해 사용된다.

HAIR BEAUTY ART THEORY

HAIR
BEAUTY
ART
THEORY

제5장

이발(조발)

조발은 헤어커트를 말한다. 조발은 이용기구 중 커트를 할 수 있는 도구를 이용하여 모발을 잘라내어 스타일을 완성 하는 것을 말한다. 남자의 헤어스타일은 모발길이에 따라 장발형, 단발형, 중발형 등으로 나뉠 수 있다.

1 커트의 기본 작업 및 자세

1) 이용의 조발시술 과정

① **소재 분석** : 고객이 방문하였을 시 서로 대화로서 상담을 통하여 고객이 원하는 스타일, 전문가로서 추천을 해야 하는 점 등을 모발에 대한 시진, 촉진, 문진을 통해 모발에 대해 안다.

② **구상** : 모발에 대한 전반적인 사항과, 고객의 원하는 스타일을 조합하여 시술하여야 할 스타일을 정한다.

③ **제작** : 정해진 스타일에 따라 이용 도구를 이용하여 시술을 한다.

④ **보정** : 이용사가 시술한 스타일과, 고객이 원하는 스타일에 맞는지 확인하고, 서로 부족한 부분이 있으면 수정, 보정한다.

2) 커트 자세(cutting position)

헤어스타일에 맞는 커트를 정확하게 커트하기 위해 필요한 것이 바른 커트의 자세이다. 커트에 있어서 자세는 원하는 커트 선을 정확한 위치에서 원하는 방향으로 커트를 진행하게 한다. 커트를 위한 기본자세는 넓은 의미로 다음의 세 가지로 나누어 볼 수 있다.

첫째, 커트 할 때 가위와 판넬과의 커트되는 위치에서의 자세이다.

둘째, 커트 할 때 판넬 모발을 잡을 때 두상과의 각도, 베이스 섹션 등을 고려하여 잡는 자세이다.

셋째, 각각의 헤어스타일에 맞게 커트하는 자세, 이러한 올바른 자세를 통하여 정확한 커트 선과 헤어스타일의 표현이 가능하게 된다. 평서 커트 연습 시 정확한 자세로 커트하는 것을 익혀 정확하고 고객과, 디자이너가 원하는 커트를 하도록 해야 한다.

① 서 있는 자세는 어깨 넓이만큼 다리를 벌리고, 허리를 바르게 펴고 선다.

② 왼발이든, 오른발이든 커트진행방향으로 한발이 반보 정도 앞에 둔다.

③ 커트 진행 시 두상이 둥글기 때문에 커트 시에도 스텝을 원을 그리며 옮겨가면서 커트한다.

④ 왼 손의 팔꿈치 자세에 주의한다. 커트하고자 하는 라인과 왼손의 손목이나 팔꿈치가 평행이 되게 자세를 취한다. 이때, 손목이 꺾이지 않도록 고정한다.

⑤ 커트선이 가능한 눈높이에 맞추어 커트한다(커트선 보다 눈높이가 아래에 있으면 커트 선이 오목 한 라인이 형성되며, 눈높이 보다 위에 있으면 볼록한 커트선인 형성되므로 커트 선에 항 상 눈높이를 맞추어 커트하도록 노력한다.).

⑥ 커트 시술 진행 시 섹션, 베이스, 각도 실루엣과 움직임을 체크해가며 커트를 진행한다.

⑦ 시술대상은 눈에서 각자 다르나 30~50cm 유지한다.

3) 커트 기법

(1) 커트 테크닉 1

① 테이퍼링

페더링이라고도 하며, 모발의 끝을 점차 가늘게 커트하여 끝으로 갈수록 붓처럼 가늘게 하는 방법으로 모발에 자연스런 장단을 만든다. 테이퍼링은 레이저나 틴닝가위로 한다. 테이퍼링의 종류에는 딥, 노멀, 엔드 테이퍼링이 있다.

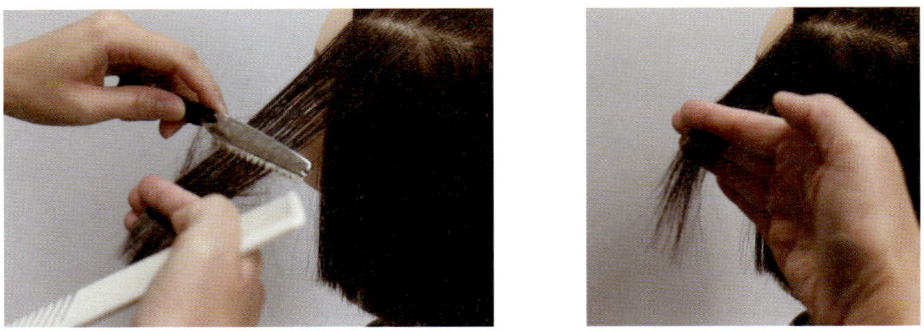

[그림 5-1] 테이퍼링

② 틴닝

모발의 길이는 변화를 주지 않으면서 전체적인 숱만 감소시키는 기법이다. 헤어라인 주위의 모발은 다른 부위의 모발보다 가늘어 틴닝 시 잘려진 짧은 모발들이 외부로 두드러져 보이므로 틴닝은 피한다.

◆ 틴닝의 방법

틴닝을 어떻게 하는가에 따라 모발의 흐름 방향감을 줄 수 있고, 기본적으로 모발의양을 감소시킨다.

기본틴닝	모발의 숱 감소
안말음 틴닝	모발의 방향이 두상쪽으로 향하게 방향 처리함
바깥말음 틴닝	모발의 방향이 두상 반대쪽으로 향하게 방향 처리함

◆ 깊이에 따른 틴닝의 종류

두피에 가까이에서 틴닝을 하느냐, 모선에서 틴닝을 하느냐에 따라 분류할 수 있다.

두피 가까이(두피 가까이의 1/3 지점)	딥 틴닝
모발의 중간(모발 길이의 1/2 지점)	노멀(미듐) 틴닝
모발의 끝(모선 가까이의 1/3 지점	엔드 틴닝

③ 슬라이드 커트

모발 끝을 향해서 가위로 미끄러지듯이 커트하는 기법이다.

④ 클리핑

남자머리 커트 시 클리퍼를 사용하여 커트 선에서 부분 부분을 클리퍼를 이용하여 질감처리를 할 수 있다.

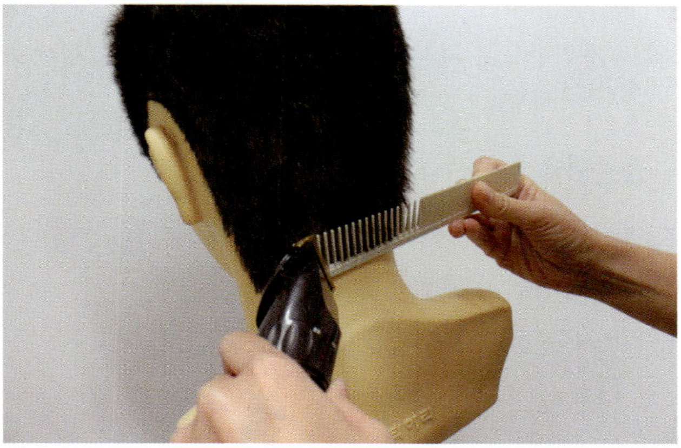

[그림 5-2] 클리핑

⑤ **싱글링**

두발에 빗을 데고 천천히 두상을 따라 위로 이동시키면서 빗에 끼어있는 두발을 가위로 커트하는 기법이다.

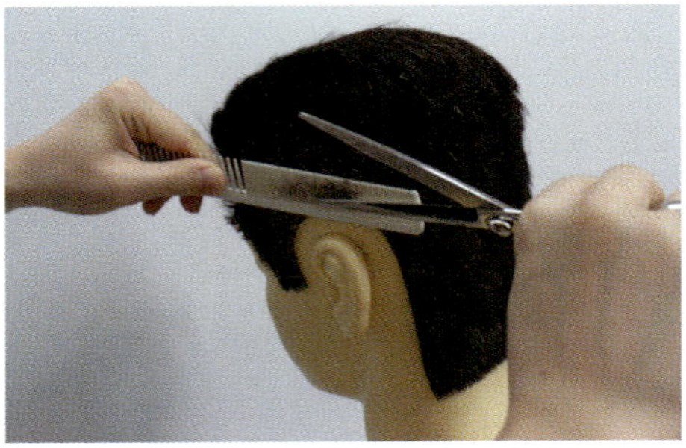
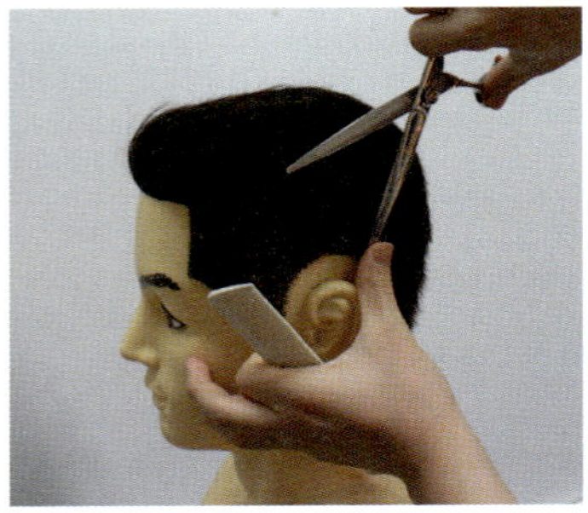

[그림 5-3] 싱글링

(2) 커트 테크닉 2

이용에서 사용하는 커트 테크닉 기법이다.

① **고정 깎기** : 빗을 고정시킨 상태에서 모발을 정돈하기 위해 자르는 기법으로 빗의 폭 전체에 튀어나온 모발을 커트한다.

② **거칠게 깎기** : 짧은 스포츠스타일의 커트를 할 때 기본적으로 먼저 모발을 잘라갈 때 사용하는 기법으로 커트가위, 틴닝가위를 사용하여 모발 길이나, 숱 감소를 하여 다음 작업이 용이하게 한다.

③ **끌어 깎기** : 수정커트 시 가위 끝은 한 손가락에 고정시켜 깎는 테크닉이다. 직협이라고도 한다. 빗을 사용하지 않고 가위만으로 디자인 면을 정돈하는 기법으로 양손을 사용하는 약수 직협, 한 손만 사용하는 편수 직협이 있다.

④ **돌려**(회전) **깎기** : 귀 주변을 돌려 깎는 테크닉이다.

⑤ **떠올려 깎기**(떠내 깎기) : 빗을 사용하여 두피 모근에서 모선방향으로 빗질을 가지런히 두피 수평으로 하여 빗에서 벗어나온 모발을 스타일에 따라 커트하는 테크닉이다.

⑥ **밀어 깎기** : 빗을 밀어내는 것처럼 잡고 빗살 끝을 두피 면에 대고 깎아 나가는 기법이다.

⑦ **수정 깎기** : 스타일 마무리 시에 커트하는 테크닉을 말한다.

⑧ **솎음 깎기**(숱고르기 조발) : 모발의 숱이나, 스타일에 있어 불필요한 모발을 커트하는 테크닉이다.

⑨ **연속 깎기** : 모발을 빗으로 빗질하여 두상을 따라 빗과 가위를 동시에 움직이면서 연속적으로 깎는 테크닉이다. 두피면에 따라 빗을 전진시키면서 빗에 의해 일으켜진 모발을 연속적으로 커트하는 것이다.

⑩ **지간 깎기** : 빗질한 모발을 손가락 인지와 중지 사이로 판넬을 잡고 커트하는 테크닉이다. 긴 머리에 사용하며 모발의 양, 길이를 디자인한다.

⑪ **눌러 깎기** : 빗을 눌러 커트하는 방법으로 빗살을 두피 면에 붙인 상태에서 커트해가는 기법이다. 빗살 끝을 두피에 평행하게 눌러 커트해 나가는 것으로 두발이 눌려 쓰러지지 않도록 하여 빗의 운행과 함께 빗살에 들어오는 모발을 커트한다.

4) 커트의 종류 및 실제

모발의 길이에 따른 분류, 헤어스타일(형)에 따른 분류가 있다.

(1) 보통 조발술

① **장발형**(long hair style)

남자헤어스타일에 있어 귀를 덮고 목을 덮는 긴 형을 말한다.

현 이러한 긴머리에 퍼머를 하거나, 염색을 하여 더욱 세련된 스타일을 연출하기도 한다. 주로 커트가위나 레이저를 이용하여 커트한다. 예로는 울프커트, 샤기 커트, 긴머리 댄디커트 등이 있다

② **중발형**(medium hair style)

단발형과 장발형의 중간 헤어스타일로 귀가 살짝 보이거나, 완전하게 보이는 스타일이다. 그 길이에 조화롭게 앞머리, 네이프머리 길이가 스타일에 맞게 조절된다.

가위나 레이저, 클리퍼를 이용하여 커트하기도 한다. 예로는 댄디커트 등이 있다.

스타일링 시 부드러운 왁스 등을 사용하여 연출한다.

③ **단발형**(short hair style)

짧은 헤어스타일로 클리퍼나 가위를 이용하여 커트한다. 커트기법으로는 싱글링, 클리핑, 지간 깎기 등 다양한 테크닉으로 시술한다.

길이에 따른 종류로는 스포츠형(brose), 톱 부분은 중발형이고 네이프 부분이 단발인 상고형과, 네이프 부분이 완전 짧게 자른 상고스포츠 등이 있다.

(2) 스포츠 조발술

스포츠형(brose)은 아주 짧은 단발형 머리에 속하는 스타일로, 가위나 바리캉을 이용하여 커트한다. 두상에 따라 톱부분의 커트 선이 사각형, 원형 등 스타일링 할 수 있다. 아주 짧게 커트하기 때문에 커트연결이 매끄럽게 연결되어야 한다.

(3) 영스타일 조발술

영스타일은 젊은 감각의 머리형으로 스포츠형, 상고 형도 포함될 수 있고, 형태에 따른 특수조발술도 여기에 포함될 수 있다. 영스타일은 다양하다 할 수 있겠다.

(4) 특수 조발술

형태에 따른 스타일 예로는 모히칸스타일, 비대칭 언벨런스 스타일 등이 있다.

① **스크래치 커트**

- 남성 헤어스타일에서 반삭이나 삭발된 모발에 최대한 두피가까이 하여 긁어내듯 선이나 기호, 문자, 숫자 등을 새겨 넣는 것이다.
- 3, 6, 9, 12mm로 반삭을 하고 포인트를 주고 싶은 곳에 스크래치 클리퍼나 가위 로 포인트를 넣어주는 스타일이다
- 보통 6mm가 스크래치 느낌을 살리는 데 가장 효과적이다.

② **샤기 커트**

- 모발 끝을 일률적인 길이로 자르지 않고 불규칙하게 커트함으로서 보다 움직임이 살아나는 커트이다.
- 모발 끝을 최대한 가볍게 질감처리를 해주는 커트이다.
- 모발 끝 라인을 불규칙하게 라인이 없고 가볍게 처리해주는 것이 포인트이다.

③ **레이어 커트**

- 전체적으로 층이나 있으며 위쪽이 짧고 아래쪽으로 갈수록 길어지는 형태의 커트이다.
- 모발을 전체적으로 두피에서 90°각도로 커트하는 것이다.
- 로 레이어 커트는 기본 90°각도로 커트하고, 미디움 레이어 커트는 120°각도로 잘라주고, 하이 레이어는 120°이상으로 잡고 잘라주면 된다.

④ **모히칸 커트**

- 중앙라인의 모발은 길게 남겨두고 옆 부분은 짧게 커트하는 스타일이다.
- 앞머리와 옆머리가 짧고 톱이나 가마부분으로 올라갈수록 점점 길어지게 커트하는 스타일이다.
- 스타일에 따라 뒷머리는 길게 두어도 되고 앞머리, 옆머리와 비슷하게 처리해주어도 된다. 포인트는 톱과 골덴 부분이다.
- 인디언족 중 모히칸족이나 영화 라스트 모히칸을 생각해 보면 이해가 쉽다.

⑤ **울프 커트**

- 윗부분에서부터 심하게 층이진 커트이고, 야성적이고 터프한 이미지를 풍기는 스타일의 커트이다.
- 언더존과 오버존으로 나뉘었을 때 언더존은 최대한 기장을 길게 하고, 오버존은 최대한 짧게 잘라서 볼륨을 살려주는 스타일이다.
- 라인의 가벼움과 톱의 질감처리로 가벼운 볼륨을 살려주는 것이 포인트이다.
- 언더와 오버의 비대칭 커트라고도 할 수 있다.

⑥ **댄디 커트**

- 모발의 끝부분을 위주로 질감 처리를 하여 가벼우면서도 차분하며 깔끔한 스타일의 커트이다. 전체적으로는 무게감을 주고 모발의 끝부분을 가볍게 처리함으로써 튀지 않고 단정하면서도 멋을 살릴 수 있는 스타일의 커트이다.
- 가벼움 속에서 무거움이 느껴지는 것이 포인트이다.
- 영국 신사머리라고도 한다.
- 가볍지만 무거운 느낌이 들게 라인을 너무 불규칙적이지 않고 커넥션이 되게 연결 한다.

HAIR
BEAUTY
ART
THEORY

제6장

면도

1 면도의 정의 및 기초

면도는 고객의 구레나룻, 콧수염, 턱수염을 정리 정돈, 또는 스타일을 내는 시술을 말한다. 남성 피부에 가장 자극을 많이 주는 면도는 남성 피부 관리 측면에서 매우 중요한 요인이 되기 때문에 이를 각별히 신경 써야 한다는 것을 잊지 말아야 한다. 즉 올바른 면도 습관이 피부 건강을 지키고 촉촉한 피부를 유지할 수 있다는 것이다.

1) 면도 시술 기초

① 피부 각질층을 자극해 피부가 베이거나 손상될 우려가 있으니 주의하여야 한다.
② 피부의 자극을 줄이기 위해 셰이빙 젤 또는 비누칠 등을 피부에 도포하여 면체 후 피부가 예민해지는 것을 방지해야 한다. 면도날로 인해 생기는 마찰 때문에 피부 보호막이 제거되면서 자칫 피부를 더욱 민감하게 만들어 각종 피부트러블의 원인이 될 수 있으므로 주의할 것. 따라서 올바른 면도를 위해서는 비누칠, 셰이빙 젤을 충분히 발라 면도날과 피부 사이의 마찰을 줄여주는 것이 좋다.
③ 면체 시 피부에 강한 힘을 가하게 되며 이는 곧 상처나 피부트러블 등으로 연결될 수 있으니 숙련된 연습 후에 면체해야 한다.
④ 비누칠 셰이빙 젤이 피부에 잘 스며들 수 있도록 잠시 기다린 후 수염이 자라는 방향을 따라 면도를 하는 것이 바람직하다. 이는 면도날이 피부에 직접 닿을 때 생길 수 있는 미세한 상처들이 생기지 않도록 해준다.

2 면도시술

면체 시술 방법은 비누칠 또는 셰이빙 젤 도포 → 스팀효과를 위한 시술(물수건, 습포) → 비누칠 또는 셰이빙 재도포 → 면도 → 세척 → 안면처치(스킨케어 제품을 발라 자극된 피부에 수분과 영양 공급을 주어 진정)로 이루어진다.

1) 면도 시술 시 필요한 면도기

(1) 면도(레이저) 종류

① **양도** : 접이식으로 면도날이 양면으로 제작되어 연마 시 양면을 연마해야 한다.

② **일도** : 접이식이 아닌 일자형으로 면도날이 한 면이라 연마 시에도 한 면만 연마 한다.

③ **일회용 면도** : 면도날을 1회용으로 사용한다.

(2) 면도 잡는 법

① **프리핸드**(free hand) : 가장 기본적으로 면도 잡는 방법으로 면도 자루를 엄지와 검지로 잡고 자루 끝부분을 약지와 소지로 사이에 끼워 사용한다.

② **백핸드**(back hand) : 프리핸드와 잡는 법은 동일하나 면도날이 반대 방향이 되도록 손을 돌려 손바닥이 위로 향하게 잡는 법이다.

③ **푸쉬핸드**(push hand) : 프리핸드 잡는 방법에서 손목을 이용하여 손등이 위로 향하게 잡는 방법이다.

④ **팬슬핸드**(pencil hand) : 면도를 펜 잡듯이 잡아 면도날이 아래로 향하게 잡는 법이다.

⑤ **스틱핸드**(stick hand) : 면도날을 막대기 잡듯이 잡아서 손과 면도날이 일직선상에 있도록 평행하게 잡는 법이다.

HAIR BEAUTY ART THEORY

HAIR
BEAUTY
ART
THEORY

제7장

정발술(헤어스타일링)

헤어 세팅에 의한 웨이브 형성에는 열을 이용한 것과 수분을 이용한 것이 있다. 열에 의한 웨이브는 마셀 아이론, 블로 드라이어, 전기 헤어 세팅기를 사용하고, 수분을 이용한 것은 핑거 웨이브나 플라스틱 세팅기를 사용하는 것이다. 그리고 헤어 세팅은 롤러와 아이론, 블오우 드라이, 핀 컬 등을 적절히 사용하여 아름다운 웨이브를 만드는 효과를 얻기도 한다. 지나친 열을 사용할 경우에는 웨이브의 손상을 초래할 수 있다. 헤어 세팅에는 오리지널 세트(Original set)와 리세트(Reset)의 2가지 과정으로 나눌 수 있다. 여기에 헤어스타일의 형태를 만드는 처음의 세트를 오리지널 세트(Origimal set)라고 한다.

1 세팅

1) 오리지널 세트 종류

① 헤어 파팅(hair parting)

② 헤어 쉐이핑(hair shaping)

③ 헤어 컬링(hair curling)

④ 롤 컬링

⑤ 헤어 웨이빙

2) 리세트

마무리 하는 것으로 다시 세트를 하는 의미로 리세트(Reset)라고 한다.

3) 헤어세팅 도구

(1) 세팅 롤러

① **롤러의 크기와 형태** : 롤러는 약 여섯 종류가 있으나 주로 사용되고 있는 것은 대, 중, 소로 나누어진 세 종류가 일반적이다. 그리고 원통형의 롤러는 일반적인 롤러 컬을 내기 위해 사용하고, 원뿔형의 롤러는 둥근 머리 형태에 알맞은 것으로, 양 끝 부분에 움직임이 느껴지는 컬의 효과를 내기 위한 도구이다

② **룰러의 원둘레** : 룰러의 원둘레의 크기에 따라 슬라이스의 폭이 달라진다.

③ **슬라이스 형태에 따른 롤러의 선택** : 롤러 와인딩을 하기 위해 원통형 롤러를 사용한 직사각형 모양의 슬라이스와 원뿔형 롤러를 사용한 삼각 모양의 슬라이스가 있다.

④ **롤러 와인딩 폭** : 롤러 와인딩 폭은 롤러 전체 길이의 약 4/5 정도가 적합하다.

⑤ **롤러 섹션의 폭** : 롤러 섹션의 폭은 롤러의 지름길이 정도가 적합하다.

(2) 롤러 컬 빗

세트 빗, 꼬리 빗 등은 용도에 따라 볼륨을 주거나 머리카락을 빼내는 데에 사용한다.

(3) 브러시

헤어 브러시는 경질의 빗살을 선택하여야 두피까지 빗질하기 쉽다.

(4) 헤어핀과 클립

헤어핀과 클립은 세팅을 할 때 고정시키거나, 웨이브를 줄 때 사용하는 것이다. 헤어핀은 열린 핀과 닫힌 핀을 사용하며 목적에 따라 크기와 종류가 다양하게 준비한다.

(5) 헤어드라이어

헤어드라이어는 모발의 스타일을 완성하는 데 필요한 도구이다. 바람의 온도, 즉 열풍 및 냉풍을 조절할 수 있도록 되어 있다.

(6) 헤어 아이론

헤어 아이론은 열을 이용해 일시적으로 모발에 컬과 웨이브를 형성시키는 기구로서 전기 가열식 아이론과 일반 가열식 아이론이 있다.

(7) 세트 로션

세트 로션은 세트 시 모발을 일정한 형태로 고정시키는 역할을 한다.

(8) 헤어 스프레이

헤어스프레이는 모발에 막을 만들면서 스타일을 고정시켜주는 역할을 하며 리세트 시에 주로 사용한다.

(9) 후드 드라이어

후드 드라이어는 롤러 세팅 후 롤러 컬의 형성을 돕기 위하여 사용하는 기기이다. 후드 드라이어는 아래쪽에서부터 흡입되는 찬바람이 후드 드라이어 안쪽의 모터를 통과하면서 뜨거운 바람으로 바뀌게 된다. 가늘고 숱이 없는 모발은 약한 열을 주고, 강하고 컬이 없는 모발은 충분한 수분을 주어 와인딩을 하고 강한 열을 주면 탄력 있는 컬이 형성된다.

2 아이론과 드라이 정발

1) 아이론의 정의

아이론의 사전적 의미를 살펴보면 철, 쇠라는 의미와 함께 단단하고 강한 것, 철제 기구란 뜻을 가지고 있다. 아이론은 일시적인 세트로서 헤어 스타일링을 하기 위한 기본적인 기술이며 완성도가 높고, 아이론기의 고열을 이용해 모발의 모표피를 압착시켜 윤기를 주며, 주로 수소결합 원리를 이용해 스타일의 형태를 보완하거나 새로운 형태로 연출할 수 있다.

2) 아이론의 선정방법

① 아이롱 핸들이 녹슬거나 너무 무겁지 않아야 한다.
② 접촉면(그루브, 로드)이 잘 맞물려야 한다.
③ 전체(핸들, 그루브, 로드)가 균형 있게 제조되어야 한다.
④ 발열상태, 전열상태가 정확해야 한다.

3) 아이론 시술 시 주의사항

① 아이론을 모발에 시술하기 전에 아이론의 온도를 확인한다.
② 아이론의 열에 의해 두피에 화상이 생길 수 있으므로 시술 시 주의해야 한다.
③ 모발의 손상 정도에 따라 온도와 시간을 조절하여 시술한다.
④ 모발의 수분을 완전히 건조시킨 상태에서 사용한다.
⑤ 모발을 가지런히 정리 정돈한 다음 시술을 시작한다.

③ 블로 드라이(blow dry)

블로 드라이는 드라이어와 브러시로 자연스러운 헤어스타일을 연출해 주며, 다른 도구의 사용에 의해 더 많은 헤어스타일을 연출할 수 있다. 헤어시술에 있어 마지막 마무리 시술이다. 퍼머, 커트, 염색 시술 등의 형태가 만들어진 스타일을 마무리하기 위하여 이·미용업무에서의 가장 기본적이면서도 완성도를 요구하는 중요한 시술이다.

1) 블로 드라이의 목적과 의미

블로 드라이(Blow dry)의 사전적 의미를 살펴보면 드라이기(Dryer)로 머리를 매만지기라는 뜻을 가지고 있다. 블로 드라이는 일시적인 세트로서 헤어 스타일링을 하기 위한 가장 기본이면서도 완성도가 높은 유용한 시술이며, 드라이기의 열품과 냉풍을 이용해 모발을 건조시키면서 두상의 형을 보완하거나 각종 헤어스타일의 형태를 보완하며 새로운 형태로 연출할 수 있는 작업으로 정의할 수 있다.

2) 블로 드라이 목적

① 모류의 발향을 정리하며, 모발에 윤기를 줄 수 있다.
② 모발을 원하는 방향으로 교정하거나 컬을 줄 수 있다.
③ 모발을 원하는 크기, 방향으로 와인딩 하여 웨이브를 강하게 또는 약하게 만들 수 있다.
④ 드라이기의 열풍, 온풍, 냉풍을 이용해 커트나 퍼머 등의 스타일에 완성도를 높이고, 그 밖에 연출하고자 하는 헤어스타일의 이미지를 빠르게 만들 수 있으며, 헤어스타일의 아름다움을 최대한으로 표현할 수 있다.

HAIR BEAUTY ART THEORY

HAIR BEAUTY ART THEORY

제8장

스켈프 케어

1 두피 매니플레이션

1) 두피마사지 정의

두피 조직의 정상적인 활동의 유지와 건강 증진 및 병의 예방 수단으로 행해지는 것을 가리키며 두피 마사지는 순환과 샘의 활동을 촉진시키고, 근육을 운동시키고 신경들을 진정시키거나 자극시켜 두피 건강과 탈모 예방, 발모 촉진효과를 주는 것을 말한다.

2) 두피마사지 목적

마사지의 원리는 특정 부위를 자극하여 에너지의 흐름을 원활하게 해주는 것이다. 이 에너지의 흐름으로 여러 가지 효과를 볼 수 있는데 그것이 인체 조직의 기능과 밀접함을 이룬다.

(1) 신경, 근육계에 미치는 마사지효과

① 흥분 작용 효과
② 혈액 순환 효과
③ 진정 작용 효과
④ 유도 작용 효과
⑤ 반사 작용 효과
⑥ 교정 작용 효과
⑦ 전신조절작용 효과

2 두피 유형별 관리법

1) 정상두피

현재의 상태를 지속적으로 유지할 수 있도록 하며 노화각질 제거, 유·수분 밸런스 유지에 초점을 맞추어 두피, 모발상태에 따른 제품적용에 최선을 다하도록 한다. 또한 매일 저녁 약산성 샴푸로 세정하고 완전 건조 후 취침하는 노력이 필요하다.

(1) 관리법

정상두피라고 하여 관리를 소홀히 하면, 단시간 내에 두피의 유형이 지성화, 건성화될 수 있기 때문에 올바른 두피관리만이 오랫동안 정상두피를 유지할 수가 있다.

① 유·수분의 원활한 공급과 국소혈류 장애를 개선키 위해 두피에 적당한 마사지를 해준다 (브러시 사용).

② 두피의 활성화와 안정화를 유지하기 위해 두피강장제를 골고루 도포해 준다.

③ 외출할 때는 언제나 자외선 차단제(차단지수 15 정도)를 발라 두피를 보호해준다.

④ 샴푸나 세안 시 뜨거운 물과 차가운 물을 피하고 미지근한 미온수를 사용하여 자극을 피한다.

⑤ 지나치게 건조하거나 기름기가 많은 두피케어를 쓰지 않으며, 잦은 미용시술을 하지 않는다(펌, 염색, 블리치, 아이론, 드라이 등).

⑥ 케어제품 선택 시에는 정상두피 전용 제품을 선택하여, 효과적인 수분 및 유분이 되도록 해야 한다.

(2) 관리초점

① 현재의 상태를 유지하는 것에 중점을 두어 관리

② 정상적인 각화주기를 유지하기 위하여 각질이 쌓이지 않도록 청결에 신경

③ 영양공급의 균형을 맞추어 준다.(두피, 식품)

④ 샴푸는 매일(두피를 씻어낸다)

⑤ 어깨의 근육을 풀어 혈액순환이 원활히 되도록 한다.

2) 건성두피

호르몬 밸런스 이상, 과다한 두피 스케일링 및 잦은 샴푸, 드라이가 일반적으로 원인이 되고 있는 건성두피는 관리의 초점을 유·수분 밸런스에 맞추어 관리하는 것이 중요하다. 또한 일반샴푸보다는 기능성 샴푸를 선택하여 시간적 여유가 많은 저녁 시간대에 샴푸하는 것이 중요하다. 피지 조절에 포인트를 두어 마사지와 앰플을 적용하고 강한 열은 금하도록 한다.

(1) 관리법

건성두피란 대체로 모공에서 유·수분이 정상두피보다 적게 분비됨으로써 두피 표면에 기름막이 제대로

형성되지 않아 유·수분 과부족 증상인 피부이다. 따라서 건성두피가 정상두피로 환원되기 위해서는 올바른 두피관리나 식생활 습관은 필수적이다.

① 샴푸와 케어제품 등으로 두피에 적당한 수분을 공급한다.

② 샴푸나 케어 제품 등을 통하여 두피의 찌꺼기를 깨끗이 제거한 후 두피마사지 등을 통 하여 두피의 혈액 순환을 원활히 한다.

③ 케어제품의 선택 시에는 건성두피 전용 제품을 선택하여, 효과적인 수분공급 및 유분을 유지할 수 있도록 해야 한다.

④ 두피의 트러블이 발생하기 쉬우므로 손톱 등으로 자극을 주지 않도록 세심한 주의가 필요하다.

⑤ 스티머를 사용하여 두피관리 제품을 사용하게 되면 두피로의 흡수가 용이하므로 스티머를 이용하는 방법도 좋다.

⑥ 집에서 먹다 남은 우유나 베이비오일 등을 샴푸 시 적절히 사용하는 것도 좋다.

⑦ 외출 시 반드시 자외선 차단제를 이용해 최대한 탈수가 되지 않도록 해야 한다.

(2) 관리초점

· 영양결핍 시 식생활의 조절이 우선시되어야 한다.
· 건조에 의해 생긴 각질을 먼저 제거한다.
· 막힌 모공의 세척과 혈액순환 촉진에 중점을 둔다.
· 깨끗해진 두피에 영양 공급 등 관리를 해준다.
· 건성두피용 샴푸를 사용한다.
· 드라이의 과도한 열사용을 자제한다.
· 유·수분 공급으로 각질 세포를 진정시킨다.

3) 지성두피

과다한 피지분비와 피지산화물의 잔류로 인한 세균의 이상증식이 문제가 되는 두피 유형으로 피지 분비의 원인을 정확히 체크하는 것이 중요하다. 막힌 모공의 세척과 혈액순환 촉진에 중점을 두어 관리하며 인체 내외의 원인을 해소시키려는 노력이 필요하다. 뜨거운 물로 두피나 모발을 세정하는 것은 금물이며 세정 후 드라이로 가볍게 두피 및 모발을 말려준다.

(1) 관리법

① 샴푸와 케어제품 등으로 과도한 피지를 깨끗이 제거한다.
② 샴푸나 케어 제품 등을 통하여 두피의 피지 및 찌꺼기를 깨끗이 제거한 후 마사지 등을 통하여 두피의 혈액 순환을 원활히 한다.
③ 샴푸를 선택 시에는 지성두피에 맞는 제품을 선택하여 효과적인 피지제거 및 클린싱을 할 수 있도록 해야 한다.
④ 수증기를 쐬면 모공 속 피지가 녹고, 죽은 세포층이 제거되면 클렌저로 기름기가 있는 더러움을 제거한 후 다시 샴푸를 한다.
⑤ 마무리는 찬물로 한다.
⑥ 두피 강장제는 두피의 지성화를 더욱더 가중시키므로 되도록 피하는 것이 좋다.
⑦ 지성두피의 경우 세균침투가 용이하므로 세균의 침투를 막기 위해 잦은 샴푸를 해 주어 야 한다.
⑧ 레몬즙이나 멘톨, 티올 성분이 있는 두피세정제를 사용하는 것도 좋다.

(2) 관리초점

① 두피 세정과 피지 조절에 초점을 맞추어 관리
② 염증이 있을 경우 치료 후 관리
③ 피지 응고물 제거
④ 피지의 산성을 되찾아 두피에 대한 보호 기능을 회복시킨다.
⑤ 두피 자체가 신진대사를 원활히 하도록 하여 세균에 대한 저항력을 키운다.

4) 예민성두피

예민성두피는 각종 세균의 두피 내 기생 및 화학제품에 의한 두피자극 등이 원인이 되어 피부의 각화주기 이상을 가져오는 유형으로 두피의 청결과 세균번식의 억제 및 전이예방에 포인트를 가지고 관리해야 한다. 저자극성의 식물성 샴푸를 선택하고 뜨거운 스팀타월, 사우나, 자극이 심한 마사지를 삼가야 한다.

(1) 관리법

민감성두피는 외부적인 환경요인으로부터 건성두피와 지성두피와는 달리 면역성과 저항력이 매우 낮은 두피이다. 따라서 민감성두피가 정상두피로 환원되기 위해서는 올바른 두피관리가 필수적이겠지만 심한 증상이 발생할 경우 피부과 전문의와 반드시 상의하는 것이 좋다.

① 샴푸와 케어제품 등으로 두피에 적당한 수분을 공급한다.

② 샴푸나 케어 제품 등을 통하여 두피의 찌꺼기를 깨끗이 제거한 후 두피 마사지 등을 통하여 두피의 혈액순환을 원활히 한다(자극은 덜 주고 오랜 시간 동안하지 않는다).

③ 케어 제품의 선택 시에는 민감성두피 전용 제품을 선택하여 효과적인 수분 및 유분공급이 되도록 해야 한다(해초류 성분의 머드팩이 좋다).

④ 두피 트러블이 발생하기 쉬우므로 손톱 등으로 자극을 주지 않도록 세심한 주의가 필요하다.

⑤ 스티머를 사용하여 두피관리제품을 사용하게 되면 두피로의 흡수가 용이하므로 스티머를 이용하는 방법도 좋다.

5) 비듬성두피

과도한 비듬은 두피의 이상을 나타내는 징후이므로 세균 등을 억제하는 특수 관리 등이 필요하다. 건성비듬은 피지가 부족하여 생기는 경우이므로 무리한 세정은 피하며 유·수분의 공급과 비듬균의 증식 억제에 중점을 두어야 한다. 지성 비듬의 경우는 과도한 피지 분비가 원인이므로 피지조절과 균에 감염되지 않도록 살균이나 소독에 관심을 가지고 샴푸 후는 세균이 번식하지 못하도록 깨끗이 말린 다음 충분한 수면을 취하도록 한다.

(1) 관리법

- 스트레스를 줄이고 규칙적인 생활을 한다.
- 머리를 깨끗이 하고 자주 감는다.
- 비타민 B2가 풍부한 음식을 섭취한다.
- 비듬전용 약산성 샴푸를 사용한다.
- 일주일에 2~3회 전문제품을 이용해 두피 마사지를 한다.
- 주 1~2회 두피 스켈링을 받는다.
- 비타민 A가 함유된 크림이나 오일을 두피에 소량 도포한다(건성두피)

(2) 관리초점

- 건성비듬 : 각질제거+보습관리, 살균, 소독
- 지성비듬 : 관리 시 피지 밸런스 조절, 두피염증제거, 진균의 활동을 증가

6) 탈모진행형 두피

탈모된 부위는 정상적인 두피보다 매우 약하므로 화학성분보다는 식물성의 저자극 샴푸제를 이용하여 샴푸하고 깨끗이 헹구어 준다. 또한 두부 마사지를 충분히 하여 혈액순환이 될 수 있도록 신경을 쓴다.

(1) 관리법

- 지나친 두피마사지는 피지선 및 활성효소의 자극과 모세혈관 충혈 등을 유발하여 두피신진대사를 악화시킬 수 있다.
- 두피상태를 고려하여 샴푸 및 홈케어를 실시한다.
- 영양제품은 두피세정을 한 후에 도포한다.
- 영양부족 및 영양 밸런스 이상으로 탈모 현상이 일어날 경우 영양분 섭취를 고르게 한다.
- 어깨근육을 자주 풀어 준다.

(2) 관리 초점

- 최소 3~4개월 이전의 과거 상태를 파악한다. 관리 과정 전에 과거 병력(갑상선 질환, 빈혈, 다이어트) 및 과거의 두피상태(염증, 비듬, 지루성, 모낭충 여부 등)에 대하여 체크한다.
- 초기 탈모관리 및 두피 관리가 가장 중요하다.

HAIR BEAUTY ART THEORY

HAIR BEAUTY ART THEORY

제9장

미안술

1 미안술의 정의

1) 미안술의 정의 및 테크닉

마사지나 팩 같은 것으로 얼굴과 피부를 부드럽고 탄력 있게 하는 미용술이다.

2) 미안술의 종류

(1) 필링

피부의 불필요한 각질제거와 각질제거로 인한 영향성분의 침투를 극대화시켜 피부표면의 음, 양각을 매끄럽게 해주는 데 목적이 있다.

필링이 필요한 피부 : 모공이 넓은 피부, 여드름 자국이 많이 있는 피부, 노화피부, 잔주름이 많은 피부, 색소침착이 있는 피부(기미, 주근깨, 검버섯) 피부재생 및 조기노화의 예방을 원하는 피부이다.

① 필링 종류

- 물리적 필링(기계적 필링) 각질층이 1~3층이 벗겨진다. 미세한 알갱이를 인공적으로 만들어서 사용하기도 한다. 아몬드씨, 살구씨, 조개껍질가루, 자연재료로 사용한다.
- 크림 필링 : 물리적 필링 중에서 부드럽게 크림타입으로 사용한다.
- 효소 필링 : 단백질 분해효소를 섞어서 만든 인공재료로 사용한다.
- 화학적 필링 : 여러 과일에서 추출한 무독성 과일산으로 되어 있다. 거친 피부를 매끄럽게 만들어서 주름을 산화시켜주는 효능이 있다.

(2) 마사지 기술

① 마사지의 의의

손이나, 기기를 이용해서 크림이나 오일로 피부의 근육 결에 따라 문지르거나 두드려서 피부에 자극을 주어 피부의 기능을 활성화시키는 방법이다.

② 마사지 테크닉 분류

- 경찰법 : 피부에 가볍고, 천천히 쓰다듬는 연속동작으로 혈액순환 촉진, 피부의 영양공급을 돕는다(크림 도포 시, 처음 마사지 단계)
- 강찰법 : 피부를 누르면서 강하게 문지르는 방법으로 물질대사촉진, 피하의 노폐물 제거가 촉진

된다(팔, 가슴)

- 유연법(니딩 : kneading) : 주물러서 푸는 방법으로 노폐물을 조직 밖으로 배출시켜 정맥과 임파선의 작용을 높여서 피부의 건강을 양호하게 한다(어깨, 팔, 다리).
- 풀링(fulling) : 주름 잡듯이 행하는 방법
- 런징 : 근육을 비틀 듯이 행하는 방법(팔)
- 쳐킹 : 뼈를 따라 상하운동하며 가볍게 쳐올리듯이 행하는 방법(팔, 다리)
- 고타법(퍼커션 : percussion) : 두들겨서 행하는 방법으로 근육의 수축력 증가와 신경기능을 조절한다.
- 태핑(tapping) : 손가락의 바닥면 (손의 옆면)을 사용
- 슬래핑(slapping) : 손바닥 전체를 사용
- 커핑(cupping) : 손바닥을 우묵하게 사용
- 해킹(hacking) : 손의 바깥 측면과 손목을 사용
- 비팅(beating) : 주먹을 살짝 쥐고 사용
- 진동법(바이브레이션) : 손 또는 전기 진동기 사용
- 지각신경에 쾌감을 주며 혈액순환을 촉진

2 팩

1) 팩과 시술방법

(1) 팩(Pack)

① 팩의 역사

고대 이집트 파라오 시대에 이미 팩이란 용어가 나왔고 클레오파트라도 진흙으로 만든 팩을 사용한 기록이 있다. 고대 로마의 시인 오비디우스의 기록에는 양의 털에서 얻은 기름 성분인 라놀린에 벌꿀, 달걀, 밀가루, 바닷새의 배설물 등을 배합하여 팩으로 사용하였으며 네로 황제의 부인도 당나귀 젖을 이용하여 팩을 즐겼다는 사실이 나타나 있다.

② 팩의 정의

팩이란 원래 패키지 즉 「포장하다」, 또는 「둘러싸다」란 뜻에서 유래된 말로써 유럽에서는 주로

마스크란 말로 통용되고 있는데 우리나라에서는 두 가지가 거의 같은 의미로 불려지고 있다. 그러나 엄밀히 보면 팩과 마스크는 방법상의 차이가 있다. 팩은 얼굴에 바른 후 공기가 통할 수 있도록 하며 얇은 피막을 만들거나 굳어지지 않지만 마스크는 얼굴에 바른 후 딱딱하게 굳어져 외부의 공기 유입과 수분증발을 차단하여 피부를 유연하게 하고 유효 성분의 침투를 용이하게 한다.

③ 팩의 효과

팩은 얼굴뿐 아니라 다른 특정한 부위에 사용되거나 혹은 전신적으로 사용된다. 일반적으로 팩은 얼굴에 적당한 두께로 발라 일정시간 방치해 건조시킨 후 제거한다. 팩은 건조하는 과정에서 피부에 적당한 긴장감을 주고 외부로부터 공기를 차단하여 영양성분의 흡수를 용이하게 하여 피부의 온도를 높여 혈액순환을 촉진시킨다. 또한 피부 표면의 오염물, 죽은 각질세포를 제거시킴으로써 피부를 청결하게 해준다.

(2) 특수마스크

① 석고마스크

석고마스크는 얼굴의 윤곽을 만들어 준다는 의미로 고무마스크와 함께 모델링마스크(modelling mask)라고 부르기도 한다.

제품회사에 따라 다양한 색상의 분말형태로 정제수 또는 화장수, 석고용 특수용액 등과 섞어 바르면 1~2분 후 석고가 점차 응고되며 온도가 올라가 피부에 약 10분간 열이 지속된 후 서서히 온도가 내려가 차가워진다. 얼굴, 가슴, 등, 다리, 등의 신체부위에 적절하게 사용할 수 있다. 강한 필링 시술 후 또는 방금 목욕이나 사우나를 한 고객에게는 사용을 금한다.

② 벨벳마스크(콜라겐 마스크)

송아지 진피에서 추출해 낸 순순 천연콜라겐 성분이 90% 이상 함유된 것이 효과적으로 벨벳과 같은 감촉 때문에 벨벳마스크라 한다. 사용 시 마스크를 피부에 부착하기위하여 정제수 또는 화장수로 적셔 활성 성분을 흡수시킨다. 벨벳마스크는 보습효과가 뛰어나 잔주름개선, 노화피부, 건성, 필링 후 재생관리 등으로 사용하면 효과적이다.

③ 고무마스크(Seaweed mask, Algae mask)

주로 해조류에서 추출한 활성성분이 주성분인 마스크이며, 최근에는 허브, 한방 성분 등 목적에 따라 추가적으로 다양한 성분이 함유된 파우더 상태로 되어 있어 제품에 따라 물이나 특수용액, 젤과 혼합하여 바르면 고무막과 유사하게 응고되면서 마스크의 활성성분이 흡수된다. 일반적으로 얼굴용 마스크는 진정효과를 주어 모든 피부에 사용될 뿐만 아니라 예민 피부, 여드름 피부에도 효과적이다.

④ **패드마스크** : 비타민, 재생성분, 보습성분 등을 함유한 패드형태의 마스크이다.

⑤ **왁스마스크** : 석고마스크와 같이 발열작용을 이용하여 활성성분을 침투시키는 것이다.

3 기기를 이용한 미안술

1) 전류와 광선을 응용한 미안술

(1) 저주파를 이용한 피부미용기기와 손질

저주파는 1Hz~1000Hz 까지의 전류를 이용하는 것으로 각 제조사별로 약간의 주파수 차이는 있다. 흔히 보게 되는 저주파 장비는 교류전류를 이용한 것이며 혈액상태를 좋게 하며 세포의 신진대사를 활발하게 하여 노화를 예방하거나 지연시키는 작용을 하게 된다.

(2) 중주파 전류를 이용한 피부미용기기와 손질

1,000Hz~ 10,000Hz 까지의 교류전류를 활용한 것으로 중주파는 피부의 외피를 비교적 덜 자극하며 저주파에 비해 체내에 피부저항을 적게 받으면서 들어가므로 통증이 적고 에너지손실이 적게 나타나 피부관리를 효율적으로 할수 있다.

(3) 고주파를 이용한 피부미용기기와 관리

고주파기기는 인체내부에서 열을 스스로 만들어내어 인체에 효과적으로 작용하는 원리를 가지므로 심부발열투열 치료기라고도 불린다.

고주파기기는 페이스용의 활용도를 가진 것과 지방분해용의 전신체형기의 형태로 활용되는 기기들이 있다. 이들 고주파 기기는 인체 내부에 열을 발생시켜 세포의 활성을 높여주며 노폐물의 배출과 영양, 산소, 혈액순환의 원활함을 증가시켜준다.

2) 갈바닉(GALVANIC)전류를 이용한 피부미용기기와 관리

갈바닉은 지속적이고 규칙적인 흐름을 가진 전류로 피부 내피층까지 영양 유효성분의 침투를 효율적으로 돕거나 피부내부에 있는 물질이나 노폐물을 피부 밖으로 배출해내는데 활용할 수 있는 기능을 가진 전류로서 이온토포레시스(Iontophoresis)와 디스인크러스테이션(Disincrustation)의 방법을 취한다. 이온관리법은 음극에서 혈액순환을 증가시켜 영양과 산소의 공급을 촉진하여 불순물을 제거한다. 또 피부의 톤을 살려주며 피부의 상태를 개선시키고 세포의 신진대사를 증가시킨다. 양극에서는 산이 피부층을 단단하게 해주고 산소의 분비가 조직을 활성화 시켜 준다. 극간에서 일어나는 효과는 직접적인 효과 이외에도 조직 전체의 혈액순환의 증가로 영양분과 산소가 공급되어 신진대사가 더욱 빨리 일어나며 림프의 순환이 증가하여 노폐물이 더욱 빨리 제거된다. 세포벽의 투과성이 증가하여 세포의 신진대사가 증가되고 세포 내의 화학적인 성분들은 이온화되어 제거가 더욱 용이해진다.

3) 광선을 이용한 피부미용기기와 피부관리

(1) 적외선을 이용한 기기와 피부관리

적외선을 이용한 기기들은 온열작용으로 인해 혈관이 팽창하여 혈액순환이 증가되고 림프순환을 촉진하여 노폐물과 독소배출 등을 원활하게 하고 영양분의 흡수를 촉진해준다.

(2) 자외선을 이용한 기기와 피부관리

일반적으로 자외선은 피부에 흡수되어 비타민D의 자체생성을 도와 구루병의 발병을 억제하며 살균력이 강한 에너지로 알려져 있다. 이러한 자외선은 가시광선의 외측으로 UVA, UVB, UVC로 분류되어지는데 노화의 원인이 되기도 하며 피부암이나 피부손상의 원인이 되므로 피부의 노출 시에 주의하도록 한다.

(3) 컬러테라피 기기를 활용한 피부관리

인간은 빛이 없이 살수 없으며 이 빛의 에너지를 통해 우리 몸과 마음의 치유가 가능해진다. 빛이 주는 색채의 효과는 매우 다양하고 적용되는 분야 또한 크다.

각 색들이 저마다 가지고 있는 고유의 색채가 주는 심리적인 작용이나 에너지로서 적용되어지는 육체적인 효과 등도 색채치유의 적용학문이나 활용이 활발해지면서 피부미용분야에서의 컬러테라피를 이용한 관리는 피부에 다양하게 접목되어지며 발달하고 있다.

HAIR
BEAUTY
ART
THEORY

제10장

퍼머넌트 웨이브, 염·탈색(헤어컬러링)

이용분야에서도 퍼머넌트 웨이브, 염색, 탈색 시술을 한다. 미용분야에서 사용하는 로드 대신 아이론을 이용하여 컬을 형성하고 시술하는 방법으로 아이론 펌이 있다. 웨이브 형성 이론은 미용, 이용 같은 원리에서 이루어진다.(퍼머넌트 웨이브 이론은 "미용"부분 내용을 참고 하길 바란다.)

염색, 탈색 또한 미용. 이용에서 같은 원리에서 이루어 진다. 미용부분 내용을 참고하길 바란다.

HAIR
BEAUTY
ART
THEORY

제11장

가발술

가발은 미용, 이용 모두 가발을 제작하여 사용한다. 가발 분야는 또 다른 뷰티 산업분야의 중요 부분이다. 가발 제작 전문가가 가발을 고객이 원하는 고객에 맞게 스타일링하여 제공한다.

가발을 커트, 퍼머넌트웨이브, 염색 등의 작업을 통하여 스타일을 완성한다.

❶ 가발의 종류

1) 가발 용도에 따른 분류

(1) 패션(멋내기) 가발

개인의 헤어스타일 변화를 주고 싶을 때 가발을 이용하여 이미지 변화를 한다.

① **통 가발**(위그) : 두상의 형 전체를 감싸는 가발로 긴 머리용, 짧은 머리용이 있다.

② **부분 가발**(헤어피스) : 두상의 어느 부분에 착용하여 헤어스타일 변화를 주는 가발이다.

(2) 기능성(탈모형) 가발

탈모가 있는 분들이 착용하는 가발로 탈모부위를 커버하기 위해 사용한다.

① **통 가발** : 탈모가 심한 분들이 주로 착용한다.

② **부분 가발** : 탈모가 있는 부분에 착용하는 가발이다.

※ 착용방식

ㄱ. 착탈식 : 필요시에 가발의 착탈이 가능하다.

ㄴ. 고정식 : 가발을 머리에 고정 시켜서 한 달에 한번 정도 관리 받으면서 착용하는 형태이다.

(3) 붙임머리

짧은 모발에 가닥 가닥의 모발을 잇는 것을 말한다. 부분, 부분 염색을 하기도 하고, 염색이 된 모발 가닥을 사용한다. 실리콘을 이용해 모발과 모발을 이어준다.

최근 가모 기술이 발달하여 가모관련 전문가과정도 진행되고 있다. 기존 모발에 다른모발을 엮어 붙여서 모량을 증가시키는 것이다.

2) 가발 소재에 따른 분류

(1) 인모

인모는 사람의 머리카락으로 만든 가발이다. 인모 가발의 큰 특징은 머리의 윤기나 모질이 자연스럽고, 퍼머넌트, 염·탈색이 가능하다, 스타일링을 하기도 쉽다는 장점이 있다. 그러나 인모가발은 각별한 주의가 요구되는 단점은 가발을 세척할 때 엉킴이 잦고 빠지기도 쉬워 관리가 소홀할 경우 가발의 수명이 짧아지게 쉽다.

(2) 인조모

인조모는 일종의 합성섬유로 제조하여 사람의 머리카락과 유사하게 만들어 낸 가발이다. 인조모 가발의 장점은 관리가 쉽고, 세척 시 엉키거나 빠지지 않아 세척이 용이하다. 이로 인해 수명이 길다. 단점은 인조모이므로 퍼머넌트, 염·탈색이 안되고, 스타일링이 잘 되지 않고, 모발색, 모발의 질감이 인모보다 떨어진다.

2 가발의 사용법

1) 가발 착용 방법

(1) 가발의 스타일을 정리 정돈, 잘 빗는다.
(2) 가발이 위치할 부분의 모발을 정리 정돈한다.
(3) 가발을 착용할 위치에 가발의 용도에 따라 착용한다.
(4) 가발과 기존 모발과의 스타일을 연결한다.

2) 가발 세척 방법

(1) 고정식(부착식)

보통 테이프식과 접착제식, 결속식(머리카락 잇기)이 있다.

① 가발에 물을 골고루 분무한다. 물은 조금 따듯한 것이 좋으나 차가운 물도 무관하다.

※ 뜨거운 물에 샴푸나 린스를 하면 원래의 컬과 형태가 손상되고 헤어가 수축이 되어 회복이 안 되므로 뜨거운 물의 사용은 피한다.

② 적당한 양의 샴푸를 덜어서 거품을 낸 후 모발을 한 방향으로 쓸어 내리 듯이 가볍게 씻어 준다. 이때 가발을 비비거나 문지르면 수명이 단축 되므로 유의한다.

※ 세탁기나 탈수기를 사용하면 헤어가 엉키게 되고 컬의 손상으로 망가지므로 사용을 금지한다.

③ 샴푸로 감은 가발은 충분히 물로 헹구어 준다.

④ 마지막으로 린스를 이용하여 가발을 감아주며, 가발에 윤기가 남도록 한다.

⑤ 가발을 수건으로 가볍게 눌러 약 70~80% 정도만 물기를 제거한 상태에서 원하는 스타일을 창출한다. 닦아 낼 경우에도 절대 비비지 않도록 주의한다.

※ 직사광선이나 헤어드라이어 온풍기, 열풍기 등의 사용은 헤어가 수축되는 원인이 되므로 피한다.

(2) 착탈식

가발을 썼다가 벗는 방식이다.

① 가발을 충분히 물로 적신다.

② 샴푸로 거품을 낸 후 가르마 앞부분을 중심으로 하여 브러시로 한 방향으로 쓸어 담듯이 빗어 준다.

③ 깨끗한 물로 샴푸기를 완전히 제거한다.

④ 샴푸기를 완전히 제거한 다음 린스를 한다.

⑤ 린스로 감은 가발을 흘러내리는 물로 2~3번만 헹궈 가모에 윤기가 남도록 해야 한다.

⑥ 수건으로 꾹꾹 눌러서 어느 정도의 물기를 제거한 다음, 가볍게 털어준다.

⑦ 말린 가발은 잘 건조시켜 살짝 빗어 정리한다.

⑧ 다음 착용 시 스타일을 연출할 때는 분무기로 물을 가볍게 뿌려주면 빗질이 쉽게 된다.

3) 가발 빗질 방법

브러싱은 일반적으로 모질을 관리하기 위한 방법이고, 빗질은 특정 스타일링을 위한 방법이다. 인조, 인모에 관계없이 브러싱은 일반 브러시를 사용하고, 빗질은 여러 가지 가발 전용 스타일링 빗을 사용하면 된다. 빗질을 했을 때 촉감이 부드러워 서로 엉키지 않고 빗질이 잘 되는 것이 좋은 가발이다.

오랜 수명을 유지하기 위해서는 자연스럽게 적게 힘을 주고 빗질하는 것이 가장 중요하며 분무기에 약간의 린스를 혼합하여 전체 물을 뿌린 다음에 손으로 가볍게 털어주고, 빗질을 하면 웨이브가 풀리지 않고 오래 유지할 수 있다.

4) 가발 사용 시 주의 사항

① 샴푸 시 빗질을 하거나 거칠게 비비는 것은 컬이 망가지므로 피해야 한다.
② 바람이 많이 불거나 비바람이 치는 날의 가발사용시 주의한다.
③ 정전기를 발생시키거나 손으로 자주 만지는 것은 삼간다.

3 홈케어 관리

가발을 장시간 사용하지 않을 시에는 먼지와 불순물의 접촉을 삼가 해야 오랜 수명을 유지할 수 있다. 습기가 없고 온도가 높지 않으며 통풍이 잘되는 곳에 가발 전용 스탠드에 걸어서 보관하는 것이 가장 좋다. 혹은 습기를 잘 흡수하는 신문지를 가발 안에 넣은 후 가지런히 가발 망을 씌우고 상자에 넣어 보관해도 된다.

4 가발제작

제작과정은 상담 → 가발착용결정 → 패턴제작 → 가발제작으로 이루어진다.

1) 가발 디자인

고객과의 상담을 통해 모발상태와 두피상태를 파악하여 제작한다. 제작 시 고려할 내용은 두상의 크기, 모발 굵기, 모발 색, 나이, 직업, 얼굴형, 가르마 등을 고려한다. 가발의 디자인은 용도에 따라 다르게 제조 한다. 탈모 커버를 위한 가발, 패션 가발, 부분가발을 제조한다. 소재로는 맞춤가발은 인모와 합성섬유모를 사용하는데, 인조모도 발전하여 인모와 비슷한 정도이다.

탈모 가발, 패션가발은 통 가발 또는 부분 가발(헤어피스)을 제조하는데 탈모가발은 구입 후 고객의 모발색과 스타일에 맞게 염색, 커트를 하여 착용하는 경우가 많다. 패션가발은 화려한 컬러, 웨이브 다양한 디자인으로 제조 되어 고객의 기호에 맞게 구입하여 착용한다.

2) 패턴 제작

패턴작업은 고객의 두상에 맞게, 개인별 탈모 형태에 따른 패턴을 만드는데 패턴은 개인별로 머리모양과 굴곡, 부위가 다르기 때문에 꼭 필요한 작업과정이다. 가발의 용도에 맞게 가발을 제조하기 위한 가장 중요하고 기초적인 작업이다. 모발의 굵기와 모발의 양이 중요하고, 현 모발의 색과, 굵기와 모발 결 등과 잘 어울리게 하여야 한다.

참고 문헌

1. 감성으로 표현한 실용업스타일/ 이미정, 김주섭 / 구민사 / 2013
2. 퍼머넌트웨이브 / 김주섭, 유세은 / 구민사 / 2013
3. 이용학개론 / 김주섭, 최은영 / 구민사 / 2012
4. 미용학개론 / 김주섭 외 7인 / 구민사 / 2011
5. 헤어컬러링 / 김주섭 / 구민사 / 2017
6. 아이론 / 김주섭, 유세은 / 구민사 / 2014
7. 베이직컷 / 김주섭, 유세은 / 구민사 / 2018
8. 모발과학 / 김주섭외 3인 / 훈민사 / 2010
9. 블로우드라이 / 김주섭외 3인 / 구민사 / 2014
10. 모발화장품성분학 /김주섭외 2인 / 구민사 / 2017
11. 모발화장품학 / 김주섭외 4인 / 구민사 / 2010
12. 두피모발관리학 / 김주섭 5인 / 구민사 / 2010

276